广东
粮油经济作物
种质资源

陈小平◎主编

中国农业出版社
北　京

图书在版编目（CIP）数据

广东粮油经济作物种质资源/陈小平主编. —北京：
中国农业出版社，2021.6
ISBN 978-7-109-27877-6

Ⅰ.①广… Ⅱ.①陈… Ⅲ.①粮食作物–种质资源–
研究–广东②油料作物–种质资源–研究–广东 Ⅳ.
①S51②S565

中国版本图书馆CIP数据核字（2021）第022100号

中国农业出版社出版
地址：北京市朝阳区麦子店街18号楼
邮编：100125
责任编辑：石飞华 张 利
版式设计：王 晨 责任校对：沙凯霖 责任印制：王 宏
印刷：北京通州皇家印刷厂
版次：2021年6月第1版
印次：2021年6月北京第1次印刷
发行：新华书店北京发行所
开本：889mm×1194mm 1/16
印张：12
字数：360千字
定价：298.00元

广东粮油经济作物种质资源 GUANGDONG LIANGYOU JINGJI ZUOWU ZHONGZHI ZIYUAN

编辑委员会

本书得到以下项目资助：

广东省现代种业创新提升项目"广东省农作物种质资源库（圃）建设与资源收集保存、鉴评"（粤农计〔2018〕36号）

广东省学科类重点实验室评估项目"广东省农作物遗传改良重点实验室"（粤科资字〔2020〕169号）

F O R E W O R D　前言

　　种质资源又称遗传资源，包括地方品种、育成品种以及野生近缘种等，是现代种业发展的基础，更是保障国家粮食安全与重要农产品供给的战略性资源。近年来，随着我国农业生产结构的调整与改革，种质资源的重要性愈显突出，保护和利用种质资源的工作更加紧迫，国家相继出台了加强农业种质资源保护和利用的意见和办法。

　　我国粮油经济作物种质资源种类多、数量大，以其丰富性和独特性在国际上占有重要地位。广东是国内开展种质资源研究最早的省份之一，花生、甘薯等作物最早经广东引入我国，存在着古老的地方品种，具有相关作物种质资源收集保护得天独厚的条件。粮油经济作物如花生、玉米、甘薯、马铃薯、烟草、特色作物与南药等在广东农业生产中占有重要地位，是粤东、粤西、粤北地区农民重要的收入来源，有力地促进了脱贫攻坚和乡村振兴工作。随着农业供给侧结构性改革和人们对美好生活的向往，人们已逐渐从"吃得饱"向"吃得好"转变，对品种多样化的需求也越来越迫切。现有育种材料的亲本来源相对较少，遗传背景狭窄，限制了品种多样性研究。因此，需要从产业发展的总体布局和市场需求出发，在广泛收集、保存种质资源的基础上，综合利用多种前沿的理论和技术，建立种质资源鉴定、评价技术体系，发掘优异种质资源与基因，创造"有用""易用"和"有效"的突破性新种质和育种中间材料，将种质资源丰富的遗传潜力转变为育种创新优势和产业竞争优势。

为进一步推动种质资源的创新利用，促进农业增产、农民增收，助力乡村振兴，广东省农业科学院作物研究所依托广东省乡村振兴战略专项资金——现代种业创新提升项目"广东省农作物种质资源库（圃）建设与资源收集保存、鉴评"，收集保存、鉴定利用了一批粮油经济作物的优异及特色种质资源。本书将这些收集保存、培育的优异种质资源整理成册，以供广大基层农技人员和从事农业生产活动的科技人员参考。

限于篇幅，本书主要选取广东省农业科学院作物研究所收集保存的六大经济作物中具有代表性的部分种质资源进行介绍，分别为花生、玉米、甘薯、马铃薯、烟草、特色作物与南药种质资源。主要从资源分类、来源及特征特性等方面进行阐述，力求做到图文并茂、通俗易懂。由于时间仓促，倘若有错漏和欠妥之处，诚望同行专家和读者批评指正。

陈小平

2020 年 11 月

前言

花生种质资源

玉米种质资源

甘薯种质资源

马铃薯种质资源

烟草种质资源

特色作物与南药种质资源

花生

HUASHENG

ZHONGZHI ZIYUAN

种质资源

　　花生是广东省最重要的油料作物。广东省农业科学院作物研究所目前收集保存花生种质资源共4 156份，主要来源于中国、印度和美国，包括野生种、农家品种、育成品种（系）和遗传材料等，是我国南方重要的花生种质资源保存机构，为我国花生基础研究与应用研究提供了丰富的资源。

航花2号

分　　类：珍珠豆型

来　　源：航天诱变育种

特征特性：植株长势旺盛，直立生长，中等高度。分枝数一般，收获期落叶性一般。高抗锈病和中抗叶斑病。叶片中等大小，绿色，倒卵形。荚果普通型，中间缢缩极弱，果嘴一般明显，表面质地粗糙，无果脊。种仁圆形。种皮粉红色，无裂纹。

单株主茎高43 cm，第一分枝长50 cm，收获期主茎青叶数10片，总分枝11条，单株结荚数32个，每荚粒数2粒，饱果率83.67%，秕果率16.33%，烂果率1.00%，百果重211.2 g，百仁重84.0 g，出仁率70.50%。种仁蛋白质含量25.35%，粗脂肪含量50.94%，油酸含量40.50%，亚油酸含量37.20%，油酸和亚油酸含量比值1.09，氨基酸总含量22.09%。

航花3号

分　　类：珍珠豆型

来　　源：航天诱变育种

特征特性：植株长势旺盛，直立生长，中等高度。分枝数一般，收获期落叶性一般。高抗锈病和中抗叶斑病。叶片中等大小，绿色，倒卵形。荚果普通型，中间缢缩极弱，果嘴一般明显，表面质地粗糙，无果脊。种仁圆形。种皮粉红色，无裂纹。

单株主茎高55 cm，第一分枝长60 cm，收获期主茎青叶数10片，总分枝6条，单株结荚数17个，每荚粒数2粒，饱果率81.68%，秕果率18.32%，烂果率1.00%，百果重208.0 g，百仁重78.0 g，出仁率67.24%。种仁蛋白质含量27.14%，粗脂肪含量52.30%，油酸含量45.00%，亚油酸含量33.90%，油酸和亚油酸含量比值1.33，氨基酸总含量23.92%。

小　黑

分　　类: 珍珠豆型

来　　源: 杂交选育

特征特性: 植株长势旺盛，直立生长，植株较矮。分枝数一般，收获期落叶性一般。高抗锈病和中抗叶斑病。叶片中等大小，绿色，长椭圆形。荚果茧型，中间缢缩极弱，果嘴一般明显，表面质地粗糙，无果脊。种仁锥形。种皮黑色，无裂纹。

单株主茎高38 cm，第一分枝长53 cm，收获期主茎青叶数10片，总分枝10条，单株结荚数21个，每荚粒数2粒，饱果率77.35%，秕果率22.65%，烂果率2.00%，百果重126.4 g，百仁重90.8 g，出仁率71.80%。种仁蛋白质含量23.45%，粗脂肪含量50.89%，油酸含量36.75%，亚油酸含量41.84%，油酸和亚油酸含量比值0.88，氨基酸总含量23.13%。

粤 彩

分　　类：珍珠豆型

来　　源：杂交选育

特征特性：植株长势旺盛，直立生长，中等高度。分枝数少，收获期落叶性好。高抗锈病和高抗叶斑病。叶片较大，绿色，长椭圆形。荚果串珠型，中间缢缩极弱，果嘴非常明显，表面质地非常粗糙，果脊明显。种仁圆柱形。种皮粉红和黑色相间，无裂纹。

单株主茎高67 cm，第一分枝长85 cm，收获期主茎青叶数9片，总分枝4条，单株结荚数19个，每荚粒数4粒，饱果率77.11%，秕果率22.89%，烂果率3.00%，百果重123.2 g，百仁重86.4 g，出仁率70.10%。种仁蛋白质含量21.74%，粗脂肪含量52.93%，油酸含量38.69%，亚油酸含量39.87%，油酸和亚油酸含量比值0.97，氨基酸总含量23.19%。

粤红1号

分　　类：珍珠豆型

来　　源：杂交选育

特征特性：植株长势旺盛，直立生长，中等高度。分枝数一般，收获期落叶性好。中抗锈病和中抗叶斑病。叶片中等大小，绿色，椭圆形。荚果普通型，中间缢缩极弱，果嘴一般明显，表面质地粗糙，无果脊。种仁圆柱形。种皮红色，无裂纹。

单株主茎高47 cm，第一分枝长53 cm，收获期主茎青叶数10片，总分枝9条，单株结荚数38个，每荚粒数2粒，饱果率76.50%，秕果率23.50%，烂果率2.00%，百果重127.2 g，百仁重72.8 g，出仁率57.20%。种仁蛋白质含量22.97%，粗脂肪含量51.77%，油酸含量40.94%，亚油酸含量37.2%，油酸和亚油酸含量比值1.10，氨基酸总含量22.75%。

粤油3号

分　　类：珍珠豆型

来　　源：杂交选育

特征特性：植株长势旺盛，直立生长，植株较矮。分枝数一般，收获期落叶性好。高抗锈病和中抗叶斑病。叶片中等大小，绿色，倒卵形。荚果普通型，中间缢缩极弱，果嘴一般明显，表面质地粗糙，无果脊。种仁锥形。种皮粉红色，无裂纹。

单株主茎高37 cm，第一分枝长60 cm，收获期主茎青叶数9片，总分枝8条，单株结荚数35个，每荚粒数2粒，饱果率86.50%，秕果率13.50%，烂果率1.00%，百果重212.4 g，百仁重157.2 g，出仁率74.00%。种仁蛋白质含量25.52%，粗脂肪含量51.08%，油酸含量43.90%，亚油酸含量38.13%，油酸和亚油酸含量比值1.15，氨基酸总含量25.25%。

粤油7号

分　　类：珍珠豆型

来　　源：杂交选育

特征特性：植株长势旺盛，直立生长，中等高度。分枝数一般，收获期落叶性一般。中抗锈病和高抗叶斑病。叶片中等大小，绿色，椭圆形。荚果普通型，中间缢缩极弱，果嘴一般明显，表面质地粗糙，无果脊。种仁圆柱形。种皮粉红色，无裂纹。

单株主茎高49 cm，第一分枝长53 cm，收获期主茎青叶数11片，总分枝10条，单株结荚数16个，每荚粒数2粒，饱果率86.55%，秕果率13.45%，烂果率2.00%，百果重216.5 g，百仁重78.95 g，出仁率70.85%。种仁蛋白质含量25.01%，粗脂肪含量48.08%，油酸含量39.69%，亚油酸含量39.68%，油酸和亚油酸含量比值1.00，氨基酸总含量23.77%。

粤油9号

分　　类：珍珠豆型

来　　源：杂交选育

特征特性：植株长势旺盛，直立生长，中等高度。分枝数一般，收获期落叶性一般。中抗锈病和中抗叶斑病。叶片中等大小，绿色，椭圆形。荚果普通型，中间缢缩极弱，果嘴一般明显，表面质地粗糙，无果脊。种仁锥形。种皮粉红色，无裂纹。

单株主茎高47 cm，第一分枝长56 cm，收获期主茎青叶数11片，总分枝9条，单株结荚数20个，每荚粒数2粒，饱果率84.55%，秕果率15.45%，烂果率1.00%，百果重172.8 g，百仁重127.2 g，出仁率73.60%。种仁蛋白质含量28.63%，粗脂肪含量47.47%，油酸含量41.39%，亚油酸含量36.66%，油酸和亚油酸含量比值1.13，氨基酸总含量24.50%。

粤油10号

分　　类：珍珠豆型

来　　源：杂交选育

特征特性：植株长势旺盛，直立生长，中等高度。分枝数多，收获期落叶性一般。中抗锈病和中抗叶斑病。叶片中等大小，绿色，椭圆形。荚果普通型，中间缢缩极弱，果嘴一般明显，表面质地粗糙，无果脊。种仁锥形。种皮粉红色，无裂纹。

单株主茎高42 cm，第一分枝长54 cm，收获期主茎青叶数11片，总分枝13条，单株结荚数30个，每荚粒数2粒，饱果率86.25%，秕果率13.75%，烂果率1.00%，百果重154.4 g，百仁重105.2 g，出仁率68.10%。种仁蛋白质含量25.85%，粗脂肪含量49.27%，油酸含量34.17%，亚油酸含量43.75%，油酸和亚油酸含量比值0.78，氨基酸总含量21.85%。

粤 油 13

分　　类：珍珠豆型
来　　源：杂交选育

特征特性：植株长势旺盛，直立生长，中等高度。分枝数多，收获期落叶性一般。中抗锈病和中抗叶斑病。叶片中等大小，绿色，椭圆形。荚果普通型，中间缢缩极弱，果嘴一般明显，表面质地粗糙，无果脊。种仁锥形。种皮粉红色，无裂纹。

单株主茎高48 cm，第一分枝长56 cm，收获期主茎青叶数9片，总分枝7条，单株结荚数15个，每荚粒数2粒，饱果率78.38%，秕果率21.62%，烂果率2.00%，百果重199.3 g，百仁重73.4 g，出仁率66.20%。种仁蛋白质含量24.06%，粗脂肪含量50.4%，油酸含量44.99%，亚油酸含量33.98%，油酸和亚油酸含量比值1.32，氨基酸总含量25.37%。

粤油 14

分　类：珍珠豆型

来　源：杂交选育

特征特性：植株长势旺盛，直立生长，中等高度。分枝数一般，收获期落叶性一般。中抗锈病和中抗叶斑病。叶片中等大小，绿色，椭圆形。荚果普通型，中间缢缩极弱，果嘴一般明显，表面质地粗糙，无果脊。种仁锥形。种皮粉红色，无裂纹。

单株主茎高44 cm，第一分枝长55 cm，收获期主茎青叶数11片，总分枝8条，单株结荚数26个，每荚粒数2粒，饱果率79.67%，秕果率20.33%，烂果率2.00%，百果重162.8 g，百仁重102.8 g，出仁率63.10%。种仁蛋白质含量25.40%，粗脂肪含量51.39%，油酸含量42.41%，亚油酸含量38.3%，油酸和亚油酸含量比值1.11，氨基酸总含量25.29%。

粤油 18

分　　类：珍珠豆型

来　　源：杂交选育

特征特性： 植株长势旺盛，直立生长，中等高度。分枝数一般，收获期落叶性一般。高抗锈病和中抗叶斑病。叶片中等大小，绿色，椭圆形。荚果普通型，中间缢缩极弱，果嘴一般明显，表面质地粗糙，无果脊。种仁锥形。种皮粉红色，无裂纹。

单株主茎高47 cm，第一分枝长59 cm，收获期主茎青叶数11片，总分枝8条，单株结荚数19个，每荚粒数2粒，饱果率81.67%，秕果率18.33%，烂果率1.00%，百果重198.4 g，百仁重79.6 g，出仁率73.40%。种仁蛋白质含量26.30%，粗脂肪含量47.18%，油酸含量38.93%，亚油酸含量41.41%，油酸和亚油酸含量比值0.94，氨基酸总含量23.84%。

粤 油 20

分　　类：珍珠豆型

来　　源：杂交选育

特征特性：植株长势旺盛，直立生长，中等高度。分枝数一般，收获期落叶性一般。中抗锈病和高抗叶斑病。叶片中等大小，绿色，椭圆形。荚果普通型，中间缢缩极弱，果嘴一般明显，表面质地粗糙，无果脊。种仁圆柱形。种皮粉红色，无裂纹。

单株主茎高42 cm，第一分枝长48 cm，收获期主茎青叶数12片，总分枝9条，单株结荚数34个，每荚粒数2粒，饱果率82.13%，秕果率17.87%，烂果率2.00%，百果重193.2 g，百仁重71.6 g，出仁率58.10%。种仁蛋白质含量23.69%，粗脂肪含量50.05%，油酸含量46.28%，亚油酸含量31.95%，油酸和亚油酸含量比值1.45，氨基酸总含量23.31%。

粤 油 24

花生种质资源

分　　类：珍珠豆型

来　　源：杂交选育

特征特性：植株长势旺盛，直立生长，植株较矮。分枝数多，收获期落叶性一般。高抗锈病和高抗叶斑病。叶片中等大小，深绿色，长椭圆形。荚果普通型，中间缢缩极弱，果嘴一般明显，表面质地粗糙，无果脊。种仁圆柱形。种皮粉红色，无裂纹。

单株主茎高40 cm，第一分枝长47 cm，收获期主茎青叶数11片，总分枝17条，单株结荚数26个，每荚粒数2粒，饱果率87.29%，秕果率12.71%，烂果率1.00%，百果重190.4 g，百仁重114.0 g，出仁率71.10%。种仁蛋白质含量24.52%，粗脂肪含量51.53%，油酸含量41.67%，亚油酸含量36.48%，油酸和亚油酸含量比值1.14，氨基酸总含量24.29%。

粤 油 32

分　　类：珍珠豆型

来　　源：杂交选育

特征特性：植株长势旺盛，直立生长，中等高度。分枝数一般，收获期落叶性一般。高抗锈病和高抗叶斑病。叶片中等大小，绿色，椭圆形。荚果普通型，中间缢缩极弱，果嘴一般明显，表面质地粗糙，无果脊。种仁圆柱形。种皮粉红色，无裂纹。

单株主茎高45 cm，第一分枝长50 cm，收获期主茎青叶数11片，总分枝9条，单株结荚数38个，每荚粒数2粒，饱果率85.25%，秕果率14.75%，烂果率2.00%，百果重185.6 g，百仁重113.6 g，出仁率73.00%。种仁蛋白质含量26.21%，粗脂肪含量47.53%，油酸含量37.84%，亚油酸含量41.19%，油酸和亚油酸含量比值0.92，氨基酸总含量24.44%。

粤油 38

分　　类：珍珠豆型

来　　源：杂交选育

特征特性： 植株长势旺盛，直立生长，中等高度。分枝数一般，收获期落叶性一般。高抗锈病和高抗叶斑病。叶片中等大小，深绿色，长椭圆形。荚果普通型，中间缢缩极弱，果嘴一般明显，表面质地粗糙，无果脊。种仁圆柱形。种皮粉红色，无裂纹。

单株主茎高52 cm，第一分枝长54 cm，收获期主茎青叶数11片，总分枝7条，单株结荚数28个，每荚粒数2粒，饱果率81.31%，秕果率18.69%，烂果率2.00%，百果重195.6 g，百仁重123.2 g，出仁率63.00%。种仁蛋白质含量23.64%，粗脂肪含量53.03%，油酸含量43.96%，亚油酸含量35.23%，油酸和亚油酸含量比值1.25，氨基酸总含量23.04%。

粤 油 40

分　　类: 珍珠豆型

来　　源: 杂交选育

特征特性: 植株长势旺盛, 直立生长, 中等高度。分枝数一般, 收获期落叶性一般。高感锈病和高感叶斑病。叶片较小, 绿色, 长椭圆形。荚果普通型, 中间缢缩极弱, 果嘴一般明显, 表面质地粗糙, 无果脊。种仁圆柱形。种皮粉红色, 无裂纹。

单株主茎高 50 cm, 第一分枝长 58 cm, 收获期主茎青叶数 10 片, 总分枝 7 条, 单株结荚数 16 个, 每荚粒数 2 粒, 饱果率 84.41%, 秕果率 15.59%, 烂果率 1.00%, 百果重 152.3 g, 百仁重 58.2 g, 出仁率 71.26%。种仁蛋白质含量 25.79%, 粗脂肪含量 50.82%, 油酸含量 39.51%, 亚油酸含量 38.3%, 油酸和亚油酸含量比值 1.03, 氨基酸总含量 21.14%。

粤油 41

分　　类：珍珠豆型

来　　源：杂交选育

特征特性：植株长势旺盛，直立生长，中等高度。分枝数一般，收获期落叶性一般。高抗锈病和高抗叶斑病。叶片中等大小，深绿色，长椭圆形。荚果普通型，中间缢缩极弱，果嘴一般明显，表面质地粗糙，无果脊。种仁圆柱形。种皮粉红色，无裂纹。

单株主茎高47 cm，第一分枝长55 cm，收获期主茎青叶数11片，总分枝7条，单株结荚数18个，每荚粒数2粒，饱果率76.90%，秕果率23.10%，烂果率1.00%，百果重195.5 g，百仁重74.0 g，出仁率65.40%。种仁蛋白质含量26.39%，粗脂肪含量51.46%，油酸含量42.10%，亚油酸含量36.60%，油酸和亚油酸含量比值1.15，氨基酸总含量19.81%。

粤 油 43

分　　类： 珍珠豆型

来　　源： 杂交选育

特征特性： 植株长势旺盛，直立生长，植株较矮。分枝数一般，收获期落叶性一般。中抗锈病和中抗叶斑病。叶片中等大小，绿色，椭圆形。荚果普通型，中间缢缩极弱，果嘴一般明显，表面质地粗糙，无果脊。种仁圆柱形。种皮粉红色，无裂纹。

单株主茎高39 cm，第一分枝长54 cm，收获期主茎青叶数12片，总分枝7条，单株结荚数31个，每荚粒数2粒，饱果率79.90%，秕果率20.10%，烂果率2.00%，百果重175.6 g，百仁重113.6 g，出仁率73.00%。种仁蛋白质含量27.23%，粗脂肪含量50.95%，油酸含量40.80%，亚油酸含量37.37%，油酸和亚油酸含量比值1.09，氨基酸总含量18.53%。

粤油 45

分　　类：珍珠豆型

来　　源：杂交选育

特征特性：植株长势旺盛，直立生长，中等高度。分枝数一般，收获期落叶性一般。高抗锈病和高抗叶斑病。叶片中等大小，绿色，椭圆形。荚果普通型，中间缢缩极弱，果嘴一般明显，表面质地粗糙，无果脊。种仁圆柱形。种皮粉红色，无裂纹。

单株主茎高47 cm，第一分枝长55 cm，收获期主茎青叶数10片，总分枝7条，单株结荚数14个，每荚粒数2粒，饱果率86.50%，秕果率13.50%，烂果率2.00%，百果重180.0 g，百仁重73.0 g，出仁率70.80%。种仁蛋白质含量26.12%，粗脂肪含量53.26%，油酸含量44.10%，亚油酸含量35.30%，油酸和亚油酸含量比值1.25，氨基酸总含量23.8%。

粤 油 52

分　类: 珍珠豆型

来　源: 杂交选育

特征特性: 植株长势旺盛,直立生长,中等高度。分枝数一般,收获期落叶性一般。高抗锈病和高抗叶斑病。叶片中等大小,绿色,椭圆形。荚果普通型,中间缢缩极弱,果嘴一般明显,表面质地粗糙,无果脊。种仁圆柱形。种皮粉红色,无裂纹。

单株主茎高52 cm,第一分枝长60 cm,收获期主茎青叶数11片,总分枝7条,单株结荚数15个,每荚粒数2粒,饱果率82.03%,秕果率17.97%,烂果率1.00%,百果重182.5 g,百仁重68.5 g,出仁率69.65%。种仁蛋白质含量27.21%,粗脂肪含量49.98%,油酸含量46.45%,亚油酸含量31.95%,油酸和亚油酸含量比值1.45,氨基酸总含量23.63%。

粤 油 68

分　　类：珍珠豆型

来　　源：杂交选育

特征特性：植株长势旺盛，直立生长，中等高度。分枝数少，收获期落叶性一般。高抗锈病和高抗叶斑病。叶片中等大小，深绿色，长椭圆形。荚果普通型，中间缢缩极弱，果嘴一般明显，表面质地粗糙，无果脊。种仁圆柱形。种皮粉红色，无裂纹。

单株主茎高60 cm，第一分枝长65 cm，收获期主茎青叶数12片，总分枝5条，单株结荚数24个，每荚粒数2粒，饱果率81.67%，秕果率18.33%，烂果率2.00%，百果重170.4 g，百仁重104.8 g，出仁率61.50%。种仁蛋白质含量24.05%，粗脂肪含量51.00%，油酸含量36.38%，亚油酸含量40.09%，油酸和亚油酸含量比值0.91，氨基酸总含量25.07%。

粤 油 79

分　　类: 珍珠豆型

来　　源: 杂交选育

特征特性: 植株长势旺盛，直立生长，中等高度。分枝数一般，收获期落叶性好。高抗锈病和高抗叶斑病。叶片中等大小，绿色，椭圆形。荚果普通型，中间缢缩极弱，果嘴一般明显，表面质地粗糙，无果脊。种仁圆柱形。种皮粉红色，无裂纹。

单株主茎高53 cm，第一分枝长66 cm，收获期主茎青叶数9片，总分枝7条，单株结荚数15个，每荚粒数2粒，饱果率88.00%，秕果率12.00%，烂果率1.00%，百果重168.0 g，百仁重72.1 g，出仁率68.80%。种仁蛋白质含量26.05%，粗脂肪含量46.15%，油酸含量47.11%，亚油酸含量34.07%，油酸和亚油酸含量比值1.38，氨基酸总含量22.18%。

粤油 86

分　　类：珍珠豆型

来　　源：杂交选育

特征特性：植株长势旺盛，直立生长，中等高度。分枝数一般，收获期落叶性好。中抗锈病和中抗叶斑病。叶片中等大小，绿色，椭圆形。荚果普通型，中间缢缩极弱，果嘴一般明显，表面质地粗糙，无果脊。种仁圆柱形。种皮粉红色，无裂纹。

单株主茎高45 cm，第一分枝长48 cm，收获期主茎青叶数8片，总分枝7条，单株结荚数29个，每荚粒数2粒，饱果率82.67%，秕果率17.33%，烂果率2.00%，百果重175.2 g，百仁重74.4 g，出仁率59.4%。种仁蛋白质含量25.03%，粗脂肪含量50.30%，油酸含量40.80%，亚油酸含量35.63%，油酸和亚油酸含量比值1.15，氨基酸总含量21.94%。

粤 油 91

分　　类：珍珠豆型

来　　源：杂交选育

特征特性：植株长势旺盛，直立生长，植株较矮。分枝数一般，收获期落叶性好。中抗锈病和中抗叶斑病。叶片中等大小，绿色，椭圆形。荚果普通型，中间缢缩极弱，果嘴一般明显，表面质地粗糙，无果脊。种仁圆柱形。种皮粉红色，无裂纹。

单株主茎高39 cm，第一分枝长48 cm，收获期主茎青叶数9片，总分枝10条，单株结荚数27个，每荚粒数2粒，饱果率81.97%，秕果率18.03%，烂果率1.00%，百果重182.4 g，百仁重106.0 g，出仁率58.1%。种仁蛋白质含量26.38%，粗脂肪含量52.01%，油酸含量36.27%，亚油酸含量40.95%，油酸和亚油酸含量比值0.89，氨基酸总含量22.48%。

粤 油 92

分　　类：珍珠豆型

来　　源：杂交选育

特征特性：植株长势旺盛，直立生长，中等高度。分枝数一般，收获期落叶性一般。高抗锈病和高抗叶斑病。叶片中等大小，深绿色，长椭圆形。荚果普通型，中间缢缩极弱，果嘴一般明显，表面质地粗糙，无果脊。种仁锥形。种皮粉红色，无裂纹。

单株主茎高55 cm，第一分枝长79 cm，收获期主茎青叶数11片，总分枝8条，单株结荚数29个，每荚粒数2粒，饱果率83.41%，秕果率16.59%，烂果率2.00%，百果重182.8 g，百仁重70.8 g，出仁率57.7%。种仁蛋白质含量26.19%，粗脂肪含量46.92%，油酸含量44.24%，亚油酸含量34.11%，油酸和亚油酸含量比值1.30，氨基酸总含量22.93%。

粤 油 93

分　　类：珍珠豆型

来　　源：杂交选育

特征特性：植株长势旺盛，直立生长，中等高度。分枝数一般，收获期落叶性一般。高感锈病和高感叶斑病。叶片较小，绿色，长椭圆形。荚果普通型，中间缢缩极弱，果嘴一般明显，表面质地粗糙，无果脊。种仁锥形。种皮粉红色，无裂纹。

单株主茎高60 cm，第一分枝长79 cm，收获期主茎青叶数11片，总分枝7条，单株结荚数27个，每荚粒数2粒，饱果率76.87%，秕果率23.13%，烂果率1.00%，百果重180.0 g，百仁重91.6 g，出仁率76.3%。种仁蛋白质含量26.37%，粗脂肪含量50.26%，油酸含量35.18%，亚油酸含量45.81%，油酸和亚油酸含量比值0.77，氨基酸总含量21.14%。

粤 油 114

分　　类：珍珠豆型

来　　源：杂交选育

特征特性：植株长势旺盛，直立生长，中等高度。分枝数一般，收获期落叶性一般。高抗锈病和高抗叶斑病。叶片中等大小，深绿色，长椭圆形。荚果普通型，中间缢缩极弱，果嘴一般明显，表面质地粗糙，无果脊。种仁锥形。种皮红色，无裂纹。

单株主茎高47 cm，第一分枝长52 cm，收获期主茎青叶数10片，总分枝8条，单株结荚数40个，每荚粒数2粒，饱果率81.39%，秕果率18.61%，烂果率1.00%，百果重167.6 g，百仁重102.0 g，出仁率60.9%。种仁蛋白质含量26.19%，粗脂肪含量45.68%，油酸含量36.93%，亚油酸含量39.06%，油酸和亚油酸含量比值0.95，氨基酸总含量18.67%。

粤油 116

分　　类： 珍珠豆型

来　　源： 杂交选育

特征特性： 植株长势旺盛，直立生长，中等高度。分枝数少，收获期落叶性好。高抗锈病和高抗叶斑病。叶片中等大小，深绿色，长椭圆形。荚果普通型，中间缢缩极弱，果嘴一般明显，表面质地粗糙，无果脊。种仁锥形。种皮粉红色，无裂纹。

　　单株主茎高50 cm，第一分枝长54 cm，收获期主茎青叶数9片，总分枝5条，单株结荚数35个，每荚粒数2粒，饱果率86.35%，秕果率13.65%，烂果率2.00%，百果重152.0 g，百仁重69.6 g，出仁率57.0%。种仁蛋白质含量22.65%，粗脂肪含量52.20%，油酸含量36.30%，亚油酸含量40.11%，油酸和亚油酸含量比值0.91，氨基酸总含量23.92%。

粤 油 124

分　　类：珍珠豆型

来　　源：杂交选育

特征特性：植株长势旺盛，直立生长，植株较矮。分枝数一般，收获期落叶性好。高抗锈病和高抗叶斑病。叶片中等大小，深绿色，长椭圆形。荚果普通型，中间缢缩极弱，果嘴一般明显，表面质地粗糙，无果脊。种仁锥形。种皮粉红色，无裂纹。

单株主茎高33 cm，第一分枝长42 cm，收获期主茎青叶数8片，总分枝8条，单株结荚数37个，每荚粒数2粒，饱果率87.11%，秕果率12.89%，烂果率1.00%，百果重173.2 g，百仁重80.4 g，出仁率71.0%。种仁蛋白质含量25.64%，粗脂肪含量48.02%，油酸含量39.91%，亚油酸含量37.07%，油酸和亚油酸含量比值1.08，氨基酸总含量23.74%。

粤 油 129

分　　类：珍珠豆型

来　　源：杂交选育

特征特性：植株长势旺盛，直立生长，植株较矮。分枝数一般，收获期落叶性一般。高感锈病和高感叶斑病。叶片较小，绿色，长椭圆形。荚果普通型，中间缢缩极弱，果嘴一般明显，表面质地粗糙，无果脊。种仁锥形。种皮粉红色，无裂纹。

单株主茎高27 cm，第一分枝长36 cm，收获期主茎青叶数10片，总分枝9条，单株结荚数32个，每荚粒数2粒，饱果率88.21%，秕果率11.79%，烂果率2.00%，百果重176.4 g，百仁重80.4 g，出仁率63.6%。种仁蛋白质含量25.01%，粗脂肪含量51.99%，油酸含量39.45%，亚油酸含量41.63%，油酸和亚油酸含量比值0.95，氨基酸总含量24.04%。

粤油 169

分　　类：珍珠豆型

来　　源：杂交选育

特征特性：植株长势旺盛，直立生长，中等高度。分枝数少，收获期落叶性一般。中抗锈病和中抗叶斑病。叶片中等大小，绿色，椭圆形。荚果普通型，中间缢缩极弱，果嘴一般明显，表面质地粗糙，无果脊。种仁圆柱形。种皮粉红色，无裂纹。

单株主茎高57 cm，第一分枝长65 cm，收获期主茎青叶数11片，总分枝5条，单株结荚数24个，每荚粒数2粒，饱果率81.11%，秕果率18.89%，烂果率1.00%，百果重181.2 g，百仁重71.2 g，出仁率64.0%。种仁蛋白质含量25.21%，粗脂肪含量52.34%，油酸含量50.01%，亚油酸含量30.28%，油酸和亚油酸含量比值1.65，氨基酸总含量23.03%。

粤 油 187

分　　类：珍珠豆型

来　　源：杂交选育

特征特性：植株长势旺盛，直立生长，中等高度。分枝数少，收获期落叶性好。高抗锈病和高抗叶斑病。叶片中等大小，深绿色，长椭圆形。荚果普通型，中间缢缩极弱，果嘴一般明显，表面质地粗糙，无果脊。种仁圆形。种皮粉红色，无裂纹。

单株主茎高45 cm，第一分枝长48 cm，收获期主茎青叶数8片，总分枝5条，单株结荚数22个，每荚粒数2粒，饱果率88.00%，秕果率12.00%，烂果率2.00%，百果重146.4 g，百仁重94.8 g，出仁率64.8%。种仁蛋白质含量25.60%，粗脂肪含量49.80%，油酸含量37.78%，亚油酸含量38.83%，油酸和亚油酸含量比值0.97，氨基酸总含量24.10%。

粤 油 202-35

分　　类：珍珠豆型

来　　源：系选

特征特性：植株长势旺盛，直立生长，中等高度。分枝数一般，收获期落叶性一般。中抗锈病和中抗叶斑病。叶片中等大小，绿色，椭圆形。荚果普通型，中间缢缩极弱，果嘴一般明显，表面质地粗糙，无果脊。种仁锥形。种皮粉红色，无裂纹。

单株主茎高65 cm，第一分枝长72 cm，收获期主茎青叶数10片，总分枝7条，单株结荚数25个，每荚粒数2粒，饱果率83.41%，秕果率16.59%，烂果率2.00%，百果重178.8 g，百仁重76.8 g，出仁率59.6%。种仁蛋白质含量26.43%，粗脂肪含量48.62%，油酸含量39.23%，亚油酸含量39.08%，油酸和亚油酸含量比值1.00，氨基酸总含量24.34%。

粤油 223

分　　类：珍珠豆型

来　　源：杂交选育

特征特性：植株长势旺盛，直立生长，中等高度。分枝数一般，收获期落叶性一般。高抗锈病和高抗叶斑病。叶片中等大小，深绿色，长椭圆形。荚果普通型，中间缢缩极弱，果嘴一般明显，表面质地粗糙，无果脊。种仁锥形。种皮粉红色，无裂纹。

单株主茎高61 cm，第一分枝长69 cm，收获期主茎青叶数11片，总分枝8条，单株结荚数45个，每荚粒数2粒，饱果率79.90%，秕果率20.10%，烂果率2.00%，百果重210.0 g，百仁重142.8 g，出仁率68.0%。种仁蛋白质含量24.62%，粗脂肪含量48.94%，油酸含量48.88%，亚油酸含量31.65%，油酸和亚油酸含量比值1.54，氨基酸总含量22.72%。

粤 油 256

分　　类：珍珠豆型

来　　源：杂交选育

特征特性：植株长势旺盛，直立生长，中等高度。分枝数一般，收获期落叶性一般。高感锈病和高感叶斑病。叶片较小，绿色，长椭圆形。荚果普通型，中间缢缩极弱，果嘴一般明显，表面质地粗糙，无果脊。种仁圆柱形。种皮粉红色，无裂纹。

单株主茎高41 cm，第一分枝长58 cm，收获期主茎青叶数11片，总分枝9条，单株结荚数39个，每荚粒数2粒，饱果率82.73%，秕果率17.27%，烂果率1.00%，百果重114.8 g，百仁重80.0 g，出仁率69.7%。种仁蛋白质含量23.88%，粗脂肪含量52.06%，油酸含量33.96%，亚油酸含量45.16%，油酸和亚油酸含量比值0.75，氨基酸总含量19.89%。

粤 油 271

分　　类：珍珠豆型

来　　源：杂交选育

特征特性：植株长势旺盛，直立生长，中等高度。分枝数一般，收获期落叶性一般。中抗锈病和中抗叶斑病。叶片中等大小，绿色，倒卵形。荚果普通型，中间缢缩极弱，果嘴一般明显，表面质地粗糙，无果脊。种仁锥形。种皮粉红色，无裂纹。

单株主茎高45 cm，第一分枝长55 cm，收获期主茎青叶数10片，总分枝7条，单株结荚数21个，每荚粒数2粒，饱果率83.67%，秕果率16.33%，烂果率1.00%，百果重184.0 g，百仁重92.8 g，出仁率69.3%。种仁蛋白质含量24.39%，粗脂肪含量51.26%，油酸含量36.43%，亚油酸含量41.08%，油酸和亚油酸含量比值0.89，氨基酸总含量22.71%。

粤 油 390

分　　类：珍珠豆型

来　　源：杂交选育

特征特性：植株长势旺盛，直立生长，中等高度。分枝数一般，收获期落叶性好。高抗锈病和高抗叶斑病。叶片中等大小，深绿色，长椭圆形。荚果普通型，中间缢缩极弱，果嘴一般明显，表面质地粗糙，无果脊。种仁圆形。种皮粉红色，无裂纹。

单株主茎高49 cm，第一分枝长59 cm，收获期主茎青叶数9片，总分枝7条，单株结荚数14个，每荚粒数2粒，饱果率82.00%，秕果率18.00%，烂果率1.00%，百果重222.0 g，百仁重82.7 g，出仁率68.1%。种仁蛋白质含量27.25%，粗脂肪含量51.76%，油酸含量41.50%，亚油酸含量37.00%，油酸和亚油酸含量比值1.12，氨基酸总含量20.42%。

粤 油 420

分　　类: 珍珠豆型

来　　源: 杂交选育

特征特性: 植株长势旺盛, 直立生长, 植株较矮。分枝数一般, 收获期落叶性一般。感锈病和感叶斑病。叶片中等大小, 绿色, 椭圆形。荚果普通型, 中间缢缩极弱, 果嘴一般明显, 表面质地粗糙, 无果脊。种仁锥形。种皮粉红色, 无裂纹。

单株主茎高29 cm, 第一分枝长50 cm, 收获期主茎青叶数10片, 总分枝11条, 单株结荚数31个, 每荚粒数2粒, 饱果率82.34%, 秕果率17.66%, 烂果率1.00%, 百果重188.8 g, 百仁重98.4 g, 出仁率70.9%。种仁蛋白质含量23.70%, 粗脂肪含量52.07%, 油酸含量36.61%, 亚油酸含量41.54%, 油酸和亚油酸含量比值0.88, 氨基酸总含量20.23%。

粤油 551-38

分　　类：珍珠豆型

来　　源：系选

特征特性：植株长势旺盛，直立生长，中等高度。分枝数一般，收获期落叶性一般。高感锈病和高感叶斑病。叶片较小，绿色，长椭圆形。荚果普通型，中间缢缩极弱，果嘴一般明显，表面质地粗糙，无果脊。种仁锥形。种皮粉红色，无裂纹。

单株主茎高50 cm，第一分枝长54 cm，收获期主茎青叶数12片，总分枝7条，单株结荚数28个，每荚粒数2粒，饱果率84.41%，秕果率15.59%，烂果率2.00%，百果重166.4 g，百仁重101.6 g，出仁率69.4%。种仁蛋白质含量24.79%，粗脂肪含量49.85%，油酸含量37.26%，亚油酸含量42.18%，油酸和亚油酸含量比值0.88，氨基酸总含量23.28%。

粤 油 1713

分　　类：珍珠豆型

来　　源：杂交选育

特征特性：植株长势旺盛，直立生长，中等高度。分枝数一般，收获期落叶性一般。高抗锈病和高抗叶斑病。叶片中等大小，绿色，长椭圆形。荚果普通型，中间缢缩极弱，果嘴一般明显，表面质地粗糙，无果脊。种仁锥形。种皮粉红色，无裂纹。

单株主茎高45 cm，第一分枝长60 cm，收获期主茎青叶数10片，总分枝10条，单株结荚数14个，每荚粒数2粒，饱果率81.07%，秕果率18.93%，烂果率2.00%，百果重175.6 g，百仁重84.0 g，出仁率61.9%。种仁蛋白质含量25.28%，粗脂肪含量49.13%，油酸含量32.21%，亚油酸含量43.47%，油酸和亚油酸含量比值0.74，氨基酸总含量22.91%。

粤油 1716

分　　类：珍珠豆型

来　　源：杂交选育

特征特性：植株长势旺盛，直立生长，中等高度。分枝数一般，收获期落叶性一般。高抗锈病和高抗叶斑病。叶片中等大小，绿色，倒卵形。荚果普通型，中间缢缩极弱，果嘴一般明显，表面质地粗糙，无果脊。种仁圆形。种皮粉红色，无裂纹。

单株主茎高59 cm，第一分枝长63 cm，收获期主茎青叶数10片，总分枝7条，单株结荚数17个，每荚粒数2粒，饱果率85.63%，秕果率14.37%，烂果率2.00%，百果重170.0 g，百仁重92.0 g，出仁率70.8%。种仁蛋白质含量23.31%，粗脂肪含量51.87%，油酸含量28.70%，亚油酸含量45.49%，油酸和亚油酸含量比值0.63，氨基酸总含量22.98%。

粤 油 1718

分　　类：珍珠豆型

来　　源：杂交选育

特征特性：植株长势旺盛，直立生长，中等高度。分枝数一般，收获期落叶性一般。高抗锈病和中抗叶斑病。叶片中等大小，深绿色，椭圆形。荚果普通型，中间缢缩极弱，果嘴一般明显，表面质地粗糙，无果脊。种仁锥形。种皮粉红色，无裂纹。

　　单株主茎高51 cm，第一分枝长54 cm，收获期主茎青叶数10片，总分枝8条，单株结荚数14个，每荚粒数2粒，饱果率84.68%，秕果率15.32%，烂果率2.00%，百果重177.0 g，百仁重78.8 g，出仁率60.6%。种仁蛋白质含量25.77%，粗脂肪含量48.96%，油酸含量38.84%，亚油酸含量40.00%，油酸和亚油酸含量比值0.97，氨基酸总含量24.50%。

粤 油 1821

分　　类：珍珠豆型

来　　源：杂交选育

特征特性：植株长势旺盛，直立生长，中等高度。分枝数一般，收获期落叶性好。高抗锈病和中抗叶斑病。叶片中等大小，绿色，椭圆形。荚果普通型，中间缢缩极弱，果嘴一般明显，表面质地粗糙，无果脊。种仁锥形。种皮粉红色，无裂纹。

单株主茎高55 cm，第一分枝长59 cm，收获期主茎青叶数9片，总分枝7条，单株结荚数20个，每荚粒数2粒，饱果率81.67%，秕果率18.33%，烂果率2.00%，百果重199.8 g，百仁重88.8 g，出仁率68.9%。种仁蛋白质含量23.48%，粗脂肪含量50.67%，油酸含量34.18%，亚油酸含量42.18%，油酸和亚油酸含量比值0.81，氨基酸总含量22.07%。

粤 油 1822

分　　类：珍珠豆型

来　　源：杂交选育

特征特性：植株长势旺盛，直立生长，中等高度。分枝数一般，收获期落叶性一般。高抗锈病和高抗叶斑病。叶片中等大小，绿色，椭圆形。荚果普通型，中间缢缩极弱，果嘴一般明显，表面质地粗糙，无果脊。种仁锥形。种皮粉红色，无裂纹。

单株主茎高46 cm，第一分枝长52 cm，收获期主茎青叶数10片，总分枝9条，单株结荚数20个，每荚粒数2粒，饱果率83.57%，秕果率16.43%，烂果率1.00%，百果重190.4 g，百仁重97.6 g，出仁率60.8%。种仁蛋白质含量23.87%，粗脂肪含量49.39%，油酸含量27.71%，亚油酸含量47.29%，油酸和亚油酸含量比值0.59，氨基酸总含量23.61%。

粤 油 1823

分　　类：珍珠豆型

来　　源：杂交选育

特征特性：植株长势旺盛，直立生长，中等高度。分枝数一般，收获期落叶性一般。中抗锈病和高抗叶斑病。叶片中等大小，绿色，倒卵形。荚果普通型，中间缢缩极弱，果嘴一般明显，表面质地粗糙，无果脊。种仁锥形。种皮粉红色，无裂纹。

单株主茎高47 cm，第一分枝长55 cm，收获期主茎青叶数10片，总分枝7条，单株结荚数22个，每荚粒数2粒，饱果率79.67%，秕果率20.33%，烂果率2.00%，百果重197.2 g，百仁重93.2 g，出仁率73.3%。种仁蛋白质含量19.07%，粗脂肪含量54.01%，油酸含量39.58%，亚油酸含量37.53%，油酸和亚油酸含量比值1.05，氨基酸总含量21.23%。

粤 油 1825

分　　类：珍珠豆型

来　　源：杂交选育

特征特性：植株长势旺盛，直立生长，植株较矮。分枝数一般，收获期落叶性一般。感锈病和中抗叶斑病。叶片中等大小，绿色，椭圆形。荚果普通型，中间缢缩极弱，果嘴一般明显，表面质地粗糙，无果脊。种仁锥形。种皮粉红色，无裂纹。

单株主茎高40 cm，第一分枝长50 cm，收获期主茎青叶数10片，总分枝8条，单株结荚数25个，每荚粒数2粒，饱果率81.67%，秕果率18.33%，烂果率2.00%，百果重199.2 g，百仁重92.4 g，出仁率71.5%。种仁蛋白质含量21.47%，粗脂肪含量52.16%，油酸含量42.3%，亚油酸含量34.45%，油酸和亚油酸含量比值1.23，氨基酸总含量22.49%。

粤油 1826

分　　类：珍珠豆型

来　　源：杂交选育

特征特性：植株长势旺盛，直立生长，植株较矮。分枝数一般，收获期落叶性好。感锈病和高抗叶斑病。叶片中等大小，绿色，椭圆形。荚果普通型，中间缢缩极弱，果嘴一般明显，表面质地粗糙，无果脊。种仁锥形。种皮粉红色，无裂纹。

单株主茎高35 cm，第一分枝长50 cm，收获期主茎青叶数8片，总分枝9条，单株结荚数38个，每荚粒数2粒，饱果率80.80%，秕果率19.20%，烂果率1.00%，百果重198.8 g，百仁重119.2 g，出仁率66.7%。种仁蛋白质含量23.41%，粗脂肪含量50.08%，油酸含量36.68%，亚油酸含量41.19%，油酸和亚油酸含量比值0.89，氨基酸总含量23.26%。

粤油红1号

分　　类：珍珠豆型

来　　源：杂交选育

特征特性：植株长势旺盛，直立生长，中等高度。分枝数一般，收获期落叶性一般。中抗锈病和中抗叶斑病。叶片中等大小，绿色，倒卵形。荚果普通型，中间缢缩极弱，果嘴一般明显，表面质地粗糙，无果脊。种仁圆形。种皮红色，无裂纹。

单株主茎高48 cm，第一分枝长68 cm，收获期主茎青叶数11片，总分枝10条，单株结荚数21个，每荚粒数2粒，饱果率76.90%，秕果率23.10%，烂果率1.00%，百果重165.2 g，百仁重116.0 g，出仁率70.2%。种仁蛋白质含量26.35%，粗脂肪含量46.37%，油酸含量44.87%，亚油酸含量34.58%，油酸和亚油酸含量比值1.30，氨基酸总含量18.05%。

珍珠红1号

分　　类：珍珠豆型

来　　源：杂交选育

特征特性：植株长势旺盛，直立生长，植株较矮。分枝数少，收获期落叶性一般。高抗锈病和高抗叶斑病。叶片中等大小，绿色，椭圆形。荚果普通型，中间缢缩极弱，果嘴一般明显，表面质地粗糙，无果脊。种仁圆形。种皮红色，无裂纹。

单株主茎高33 cm，第一分枝长39 cm，收获期主茎青叶数10片，总分枝6条，单株结荚数22个，每荚粒数2粒，饱果率78.13%，秕果率21.87%，烂果率3.00%，百果重136.0 g，百仁重65.6 g，出仁率61.9%。种仁蛋白质含量24.37%，粗脂肪含量51.08%，油酸含量37.28%，亚油酸含量43.79%，油酸和亚油酸含量比值0.85，氨基酸总含量20.02%。

玉米

YUMI

ZHONGZHI ZIYUAN

种质资源

鲜食玉米是广东优势特色经济作物，具有粮食和果蔬食品双重特性，富含碳水化合物、多种维生素、矿物质和优质膳食纤维等。目前广东省农业科学院作物研究所建立了广东鲜食玉米种质资源库，保存鲜食玉米种质资源2 000多份，来源于温带、热带、亚热带等多种生态类型，包括甜玉米和糯玉米两种主要类型，同时具有普甜、加强甜、超甜、甜糯双隐等丰富的遗传多样性。

N16

分　　类：超甜玉米自交系

来　　源：杂交种选系

特征特性：幼苗芽鞘和叶鞘绿色。株型半紧凑，株高123.4 cm，穗位高29.2 cm，花丝黄绿色，护颖黄绿色，雄穗长26.7 cm，一级分枝6～8个，花药黄绿色。苞叶青绿色，带旗叶。

生育期85 d左右。田间抗病性强。

果穗柱形，穗长12 cm，穗粗3.8 cm，穗行数12～14，行粒数15.2，穗轴较粗、白色。鲜籽粒亮黄色，果皮薄，可溶性糖含量较高，风味佳。

QUN1-06

分　　类：超甜玉米自交系

来　　源：温带甜玉米群体选系

特征特性：幼苗芽鞘和叶鞘绿色。株型半紧凑，植株偏矮，株高95.6 cm，穗位高28.5 cm，花丝黄绿色，护颖黄绿色，雄穗长度22.4 cm，一级分枝4～8个，花药黄绿色。苞叶青绿色。

生育期75 d左右。田间抗病性中等。

果穗柱形，穗长10.5 cm，穗粗3.6 cm，穗行数10～12，行粒数18.9，穗轴白色。鲜籽粒亮黄色，光泽度好，可溶性糖含量高。

QUN1-10

分　　类：超甜玉米自交系

来　　源：温带与热带混合群体选系

特征特性：幼苗芽鞘和叶鞘绿色。株型半紧凑，株高151.7 cm，穗位高44.9 cm，花丝黄绿色，护颖黄绿色，雄穗长度28 cm，一级分枝10个左右，花药黄绿色，花粉量大。苞叶青绿色。

生育期83 d左右。田间抗病性中等。

果穗柱形，穗长11.0 cm，穗粗3.7 cm，穗行数12～14，行粒数19，穗轴白色。鲜籽粒亮黄色，果皮较薄，脆甜，风味佳。

MH70-01

分　　类：超甜玉米自交系

来　　源：美国MH70杂交种选育DH系

特征特性：幼苗芽鞘和叶鞘绿色。株型平展，株高160 cm，穗位高40.9 cm，花丝黄绿色，护颖黄绿色，雄穗长度29.3 cm，一级分枝少且披散，花药黄绿色，苞叶青绿色，带旗叶。

生育期85 d左右。田间抗病性强。

果穗柱形，穗长12.8 cm，穗粗4.0 cm，穗行数12～14，行粒数22.2，穗轴白色。鲜籽粒亮黄色，果皮较薄，爽脆，甜度高。

MEILYM6

分　　类：超甜玉米自交系

来　　源：美国杂交种选系

特征特性：幼苗芽鞘和叶鞘绿色。株型半紧凑，株高124.7 cm，穗位高44.7 cm，花丝黄绿色，护颖黄绿色，雄穗长度23.3 cm，一级分枝5～10个，花药黄绿色。苞叶青绿色，带旗叶。生育期85 d左右。田间抗病性强。

果穗柱形，穗长9.4 cm，穗粗3.1 cm，穗行数12～14，行粒数16.1，穗轴白色。鲜籽粒亮黄色，光泽度好，甜度较高。

921SQ-01

分　　类：超甜玉米自交系

来　　源：泰国杂交种选系

特征特性：幼苗芽鞘和叶鞘绿色。株型紧凑，株高146.9 cm，穗位高47.5 cm，花丝黄绿色，护颖黄绿色，雄穗紧凑上冲，长23.8 cm，一级分枝8～15个，花药黄绿色，花粉量大。苞叶青绿色。

生育期80 d左右。田间抗病性强。

果穗柱形，穗长10.9 cm，穗粗3.7 cm，穗行数10～14，行粒数17.3，穗轴白色。鲜籽粒亮黄色，光泽度好，爽脆，甜度中等。

QUN1-21

分　　类：超甜玉米自交系

来　　源：温带甜玉米群体选系

特征特性：幼苗芽鞘和叶鞘绿色。株型平展，株高171.3 cm，穗位高56.9 cm，花丝黄绿色，护颖黄绿色，雄穗一级分枝8～15个，花药黄绿色。苞叶青绿色。

生育期80 d左右。田间抗病性强。

果穗柱形，穗长11.3 cm，穗粗3.9 cm，穗行数14～16，行粒数17.6，穗轴白色。鲜籽粒亮黄色，食味品质中等，可溶性糖含量较高。

AOFL-01

分　　类：超甜玉米自交系

来　　源：先正达公司杂交种奥芙兰选系

特征特性：幼苗芽鞘和叶鞘绿色。株型平展，植株矮，株高118.2 cm，穗位高35.5 cm，花丝黄绿色，护颖黄绿色，雄穗长度24.2 cm，一级分枝6 ~ 10个，花药黄绿色。苞叶青绿色，带旗叶。

生育期77 d左右，早熟。田间抗病性强。

果穗柱形，穗长10.2 cm，穗粗3.4 cm，穗行数12 ~ 14，行粒数22.1，穗轴白色。鲜籽粒亮黄色，食味品质中等。

GAITY6-W

分　　类：超甜玉米自交系

来　　源：泰国杂交种选系

特征特性：株型半紧凑，株高165.6 cm，穗位高43.8 cm，花丝黄绿色，护颖黄绿色，雄穗长27.3 cm，一级分枝6～10个，花药黄绿色。苞叶青绿。

生育期80 d左右。田间抗病性强。

果穗柱形，穗长10.6 cm，穗粗4.1 cm，穗行数16～18，行粒数18.9，穗轴白色。鲜籽粒白色，果皮较薄，脆甜，品质良。

粤黑甜活力1号

分　　类：甜糯双隐性玉米自交系

来　　源：杂交种选系

特征特性：种子活力高，出苗整齐、苗势强，幼苗芽鞘和茎秆基部叶鞘绿色。植株生长整齐健壮，前、中期生长势强，后期保绿度高，株型半紧凑，株高124 cm，穗位高40 cm。花丝淡绿色，护颖绿色，雄穗一级分枝6 ~ 8个，花药黄绿色，花粉量大、散粉期集中。苞叶青绿，带旗叶。

生育期60 ~ 68 d。田间抗病性强，抗倒性中等，抗逆性强。

果穗柱形，穗长12 ~ 14 cm，穗粗3.8 ~ 4.0 cm，穗行数12左右，行粒数28 ~ 30，穗轴淡黄色。鲜籽粒紫黑色，果皮较薄，食味香，爽脆，品质优。

粤黑甜奶香1号

分　　类：甜糯双隐性玉米自交系

来　　源：杂交种选系

特征特性：幼苗芽鞘、茎秆基部叶鞘绿色。植株生长整齐健壮，株型半紧凑，株高120 cm，穗位高45 cm。花丝淡绿色，护颖绿色，雄穗一级分枝6～8个，花药黄绿色，花粉量大、散粉期集中。苞叶青绿，无旗叶。

生育期60～70 d。田间抗病性强，抗倒性中等，抗逆性强。

果穗柱形，穗长9～12 cm，穗粗3.2～3.6 cm，穗行数12左右，行粒数20～24，穗轴粉色。鲜籽粒红黑色，果皮较薄，食用具奶香风味，爽脆，品质优。

NT 13B

分　　类：甜糯双隐性玉米自交系

来　　源：杂交种选系

特征特性：叶鞘绿色。株型较紧凑，株高127 cm，穗位高35 cm，茎秆粗壮，叶片上举。花丝白色，雄穗一级分枝8个左右，花粉量大。

生育期较长。田间抗病、抗逆性强。

果穗柱形，穗长约12 cm，穗粗4.0 cm，穗行数14，鲜籽粒、穗轴均为白色。果皮较薄，甜度高，口感好。

浙BNT

分　　类：甜糯双隐性玉米自交系

来　　源：杂交种选系

特征特性：叶鞘绿色，株型较紧凑，茎秆较粗壮，叶片青绿厚直。株高125 cm，穗位高35 cm，花丝白色，雄穗一级分枝5个左右。

生育期适中。田间抗病、抗逆。

果穗柱形，穗长约10 cm，穗粗4.0 cm，穗行数14，鲜籽粒、穗轴均为白色。果皮较薄，甜度高，口感好。

N6110

分　　类：糯玉米自交系

来　　源：杂交种选系

特征特性：叶鞘紫色，株型紧凑，植株健壮，叶片青绿直。株高138 cm，穗位高42.5 cm，花丝紫红色，雄穗一级分枝7个左右。

田间抗病、抗倒伏，适应性强。

果穗柱形，穗长12 cm，穗粗3.5 cm，穗行数12。籽粒、穗轴均为白色，商品性佳。鲜籽粒糯性好，口感软滑，果皮较薄，品质优。

N6127

分　　类：糯玉米自交系

来　　源：杂交种选系

特征特性：叶鞘绿色，株型半紧凑，植株健壮，叶片青绿窄直。株高170 cm，穗位高45 cm，花丝白色，雄穗一级分枝5个左右。

生育期长，晚熟。田间抗病、耐旱、抗倒伏，适应性强。

果穗柱形，穗长13.4 cm，穗粗4.0 cm，穗行数10。籽粒、穗轴均为白色。鲜籽粒糯性好，口感软滑，果皮较薄，品质优。

粤甜26号

分　　类：超甜玉米杂交种

来　　源：GQ-1×群白1-1

特征特性：植株整齐度好，株型紧凑，植株壮旺，叶片稍宽，叶色浓绿。株高212.4 cm，穗位高70 cm，茎粗1.75 cm。无旗叶。

生育期80 d。田间抗病、抗倒伏，后期保绿度好。

鲜苞柱形，穗长19.6 cm，穗粗5.35 cm，秃顶长0.5 cm，穗行数16左右，行粒数平均43.95，粒深1.27 cm。鲜籽粒黄白色有光泽，排列致密整齐。籽粒深，出籽率高。平均单苞重430 g，去苞叶后穗重336 g，产量18.9 t/hm²。

粤甜27号

分　　类：超甜玉米杂交种

来　　源：GQ-1×田杂-1

特征特性：植株整齐度高，株型紧凑，植株壮旺，叶色浓绿。株高229.7 cm，穗位高86.8 cm，茎粗1.88 cm。无旗叶。

生育期春播97 d，秋播75 d。田间抗病、抗倒伏，后期保绿度好。

鲜苞柱形，穗长20.9 cm，穗粗5.1 cm，秃顶长0.8 cm。穗行数16左右，行粒数平均44.8，粒深1.3 cm。鲜籽粒黄色均匀，有光泽，排列致密整齐，封顶性好，籽粒深，出籽率高。果穗鲜苞均重达410 g，去苞叶后穗重316.9 g，产量20.9 t/hm²。鲜籽粒甜度高，爽脆，适口性较好。

粤甜28号

分　　类：超甜玉米杂交种

来　　源：GQ-1 × 群 1-1

特征特性：植株整齐度好，株型半紧凑，植株壮旺，叶色浓绿。株高 210 cm 左右，穗位高 80 cm 左右。苞叶青绿，无旗叶。

生育期 80 ~ 95 d。田间抗病、抗倒伏，后期保绿度好。

鲜苞近柱形，穗长 20 cm 左右，穗粗 5.4 cm 左右，基本无秃顶，穗行数 16 ~ 18，粒深 1.2 cm 左右。鲜籽粒亮黄色，排列致密整齐。籽粒深，出籽率高，平均单苞重 500 g 左右，产量 18 t/hm² 左右，是目前国内将品质、产量及抗逆性结合最好的甜玉米品种之一。

玉 米 种 质 资 源

粤甜高维E2号

分　　类：超甜玉米杂交种

来　　源：TFF × 群白1-1

特征特性：植株整齐度好，株型紧凑，植株壮旺，叶色浓绿。株高195 cm，穗位高62 cm，茎粗2 cm。鲜苞少，短旗叶，苞叶青绿。

生育期75 d左右。田间抗病、抗倒伏，后期保绿度好。

鲜果穗近柱形，穗长18.8 cm，穗粗5.3 cm，穗行数14 ~ 16，行粒数平均40.7，粒深1.2 cm。粒色黄白相间，排列致密整齐，封顶性好。平均单苞重405 g，去苞叶后穗重334 g，产量16.5 t/hm² 左右。食用和外观商品品质好，具有含糖量高、爽脆、皮薄、化渣、维生素E含量高等特点，是自主选育的优质营养型甜玉米新品种。

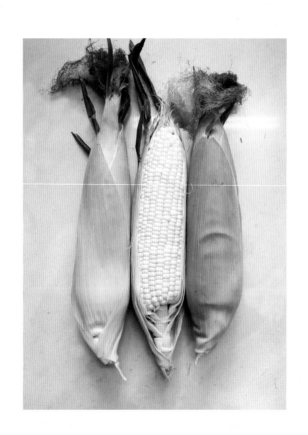

粤甜高叶酸2号

分　　类：超甜玉米杂交种

来　　源：华威 × 日超2

特征特性：植株整齐度好，株型平展，植株矮壮，叶色浓绿。株高180 cm左右，穗位高40 cm左右。鲜苞长柱形，少旗叶，苞叶较青绿。

生育期65 ~ 70 d。田间抗病、抗倒伏。

穗长19 cm左右，穗粗4.9 cm左右，穗行数14 ~ 16，粒深1.2 cm左右。鲜籽粒粒色黄白相间，排列致密整齐，封顶性好。平均单苞重350 g左右，产量13.5 t/hm² 左右。每100 g鲜籽粒叶酸含量超过300 μg。

粤双色5号

分　　类：超甜玉米杂交种

来　　源：GQ-1×农宝2021白

特征特性： 植株整齐度好，株型半紧凑，植株较壮旺，叶色浓绿。株高230 cm，穗位高90 cm，茎粗2.1 cm。鲜苞长柱形，少旗叶，苞叶青绿。

生育期80 d左右。田间抗病、抗倒伏，后期保绿度好。

穗长20.5 cm，穗粗5.1 cm。穗行数14～16，行粒数平均41.5，粒深1.2 cm。粒色黄白相间，排列致密整齐，封顶性好。鲜穗平均单苞重380 g，去苞叶后穗重300 g，产量16.5 t/hm^{2}左右。具有含糖量高、爽脆、皮较薄、化渣等特点。

粤红甜1号

分　　类： 超甜玉米杂交种

来　　源： 1079/ZR × XT7401

特征特性： 植株整齐度好，株型合理，植株较壮旺，叶色浓绿。株高186.8 cm，穗位高56.4 cm，茎粗2.0 cm。鲜苞柱形，有旗叶，苞叶青绿。

生育期69 d左右。田间抗病、抗倒伏，后期保绿度较好。

穗长19.2 cm，穗粗5.0 cm。穗行数12 ～ 14，行粒数35.8，粒深1.02 cm。果穗外观靓丽，鲜籽粒顶部红色有光泽，排列致密整齐，封顶性好。鲜穗平均单苞重413 g，去苞叶后穗重325 g，产量15 t/hm² 左右。具有含糖量高、爽脆、皮薄、较化渣等特点。

粤白甜2号

分　　类：超甜玉米杂交种

来　　源：13GT5白×BTW

特征特性：植株整齐度好，株型紧凑，植株壮旺，叶色较浓绿。株高175 cm，穗位高42 cm，茎粗2.0 cm。鲜苞近柱形，短旗叶，苞叶青绿。

生育期65 d左右。田间抗病、抗倒伏，适应性好。

穗长18.2 cm，穗粗5.0 cm，穗行数14～16，行粒数37.8，粒深1.1 cm。果穗外观商品性好，粒色纯白，排列致密较整齐，封顶性好。鲜穗平均单苞重325 g，去苞叶后穗重270 g，产量14.3 t/hm²左右。食用品质好，甜度高，爽脆，皮薄，较化渣。

粤彩糯2号

分　　类：糯玉米杂交种

来　　源：N32-107×N61-32

特征特性：株型半紧凑，株高204.8 cm，穗位高74.0 cm。

生育期春播80 d，秋播70 d左右。抗纹枯病、茎腐病和大斑病、小斑病，抗倒伏，适应性强。

果穗近锥形，穗长18～20 cm，穗粗4.5 cm左右，秃顶短，穗行数12行，粒深1.0 cm。穗形美观，鲜籽粒白色与紫红相间。产量15 t/hm²左右。糯性好，食味甜，果皮较薄，口感软滑，品质优。

粤白糯6号

分　　类： 糯玉米杂交种

来　　源： N71-152×N61-27

特征特性： 株高230 cm，穗位高98 cm。

生育期春播79～82 d。高抗茎腐病，中抗纹枯病、大斑病、小斑病。

果穗柱形，穗长18 cm，穗粗4.9 cm，穗行数12行左右，行粒数34.6，籽粒白色。单苞鲜重388～416 g，单穗净重325～346 g，产量15 t/hm²左右。糯性好，直链淀粉占比0.52%～0.72%。

粤白甜糯7号

分　　类：甜加糯型玉米杂交种

来　　源：N161-10×NT13B

特征特性：生育期80～85 d。高产、优质、抗逆，抗病性较好，广适性强。

果穗柱形，穗长19.0～20.5 cm，穗粗4.9～5.0 cm，粒深1.0～1.1 cm，籽粒雪白色，穗形美观，商品性好。单苞鲜重352～450 g，产量15～18 t/hm^2。甜度高，糯性好，口感软滑，果皮较薄，品质特优。

粤鲜糯6号

分　　类： 甜加糯型玉米杂交种

来　　源： 浙-BNT×09GN18-5

特征特性： 幼苗叶鞘绿色。植株生长整齐健壮，株型紧凑，茎秆粗壮，叶片青绿上冲，株型结构好，株高195.0 cm，穗位高64.1 cm。

生育期春播76 d左右，秋播67 d左右。田间抗锈病、纹枯病及茎腐病，抗蚜虫，抗倒伏，适应性强。

果穗近柱形，穗长18.5 cm，穗粗4.90 cm，粒深0.92 cm，穗形美观，鲜籽粒黄白色。单苞鲜重380.0 g，产量15 t/hm²左右。糯性好，甜度高，口感软滑，果皮较薄，品质优。

粤甜黑珍珠2号

分　　类：超甜玉米杂交种

来　　源：TZ-1-1×HT171-169

特征特性：植株整齐度好，株型半紧凑，植株壮旺，叶色浓绿，株高226.5 cm，穗位高82.3 cm，茎粗2.7 cm。旗叶短。

生育期80～85 d。田间抗病、抗倒伏，花丝深紫色，后期保绿度好。

鲜苞近柱形，穗长20.1 cm，穗粗5.0 cm，秃顶1 cm。行数平均14.7，行粒数平均41.5，粒深1.0 cm。鲜籽粒紫黑色，穗轴深紫色，排列致密整齐，出籽率高，平均单苞重404 g，去苞叶后穗重330 g，产量20 t/hm^{2}左右。富含花青素等营养成分，甜度高，果皮厚度中等、较脆，品质较优。

甘薯种质资源

GANSHU
ZHONGZHI ZIYUAN

　　甘薯是世界上重要的粮食、饲料和工业原料作物，具有广泛的研究利用价值。中国是世界上最大的甘薯生产国。1990年10月"国家种质广州甘薯圃"在广东省农业科学院作物研究所挂牌成立。该圃是32个国家级无性繁殖作物种质资源圃之一，每年承担甘薯种质资源收集、保存、繁殖更新、鉴定评价和编目等任务，同时开展甘薯种质资源的实物和信息共享，已经成为全国甘薯种质资源的重要交流中心和保存与研究基地，发挥了重要的社会公益效益。目前保存的种质资源包括农家品种、育成品种(系)、国外引进品种以及近缘野生种等共1 500多份。

揭阳竹头红

分　　类：农家种

来　　源：广东揭阳

特征特性：薯块育苗萌芽性差，茎叶生长势中等，叶片深复缺刻、中裂片线形，顶叶褐色、成叶绿色，叶主脉、侧脉皆浅紫色，脉基紫色，柄基紫色，茎端茸毛少，茎绿带紫色，自然开花多，杂交不亲和群别属B群。鲜薯产量中等，薯皮黄褐，薯肉橘红带黄，薯块干物率高、优质，粉香，耐湿，较耐贮藏。

叶宽9.3 cm，叶长9.9 cm，茎直径4.3 mm，基部分枝8.6个，最长蔓长259 cm，节间长3.5 cm。薯块干物率31.7%，鲜薯淀粉率17.0%，鲜薯可溶性糖含量7.4%，每100 g鲜薯维生素C含量18.1 mg。

广薯70-9

分　　类: 育成种

来　　源: 广东广州

特征特性: 薯块育苗萌芽性中，叶片尖心带齿，顶叶绿色、成叶绿色，叶主脉、侧脉皆紫色，脉基紫色，柄基紫色，茎端茸毛少，茎紫带绿色，自然开花性中等，杂交不亲和群别属D群。鲜薯产量中等，薯皮紫红带黄色，薯肉橙带紫色，薯块干物率较高，优质，中抗薯瘟和蔓割病，不耐贮藏。

叶宽9.2 cm，叶长7.7 cm，茎直径5.1 mm，基部分枝13.4个，最长蔓长160 cm，节间长3.4 cm。薯块干物率28.5%，鲜薯淀粉率13.9%，鲜薯可溶性糖含量3.7%，每100 g鲜薯维生素C含量20.8 mg。

广薯76-15

分　　类：育成种

来　　源：广东广州

特征特性：薯块育苗萌芽性中等，叶片心形全缘，顶叶绿色、成叶绿色，叶主脉紫色、侧脉紫斑色，脉基紫色，柄基紫色，茎端茸毛少，茎绿带紫色，自然开花少，杂交不亲和群别属D群。鲜薯产量中等，薯皮粉红带黄色，薯肉紫带白色，薯块干物率高，抗薯瘟病、抗蔓割病，较耐贮藏。

叶宽9.4 cm，叶长9.1 cm，茎直径5.7 mm，基部分枝5.2个，最长蔓长70.2 cm，节间长2.8 cm。薯块干物率32.7%，鲜薯淀粉率24.4%，鲜薯可溶性糖含量2.6%，鲜薯还原糖含量1.1%，每100 g鲜薯维生素C含量19.9 mg。

92878

分　　类: 引进种

来　　源: 保加利亚

特征特性: 薯块育苗萌芽性中等, 叶片心形, 顶叶绿色、成叶绿色, 叶主脉紫斑色、侧脉绿色, 脉基浅紫色, 柄基绿色, 茎端茸毛少, 茎绿色、无次色, 自然开花少。鲜薯产量中等, 薯皮红色, 薯肉黄色, 薯块干物率高, 中质, 耐贮藏, 较耐寒。

叶宽11.9 cm, 叶长11.2 cm, 茎直径6.7 mm, 基部分枝4.9个, 最长蔓长66.3 cm, 节间长3.2 cm。薯块干物率33.5%, 大薯率0%, 中薯率23.1%, 小薯率76.9%, 单株薯数2.6。

美 国 红

分　　类：引进种

来　　源：美国

特征特性：薯块育苗萌芽性中等，叶片心形带齿，顶叶浅紫色、成叶绿色，叶主脉紫色、侧脉浅紫色，脉基紫色，柄基紫色，无茎端茸毛，茎绿带紫色，自然开花少，杂交不亲和群别属美国红群。鲜薯产量中等，薯皮紫红色，薯肉白带紫色，薯块干物率较高，耐贮藏。

叶宽10.3 cm，叶长8.8 cm，茎粗5.5 mm，基部分枝7.9个，最长蔓长131.5 cm，节间长3.5 cm。薯块蒸熟食味70分，薯块干物率28.1%，大薯率0%，中薯率31.3%，小薯率68.8%，单株薯数3.2。

TIS9101

分　　类：引进种

来　　源：尼日利亚

特征特性：薯块育苗萌芽性优，叶片深复缺刻、中裂片倒披针形，顶叶绿色、成叶绿色，叶主脉、侧脉皆紫色，脉基紫色，柄基紫色，茎端茸毛中等，茎紫带绿色，自然开花极少。鲜薯产量中等，薯皮红色，薯肉橘黄色，薯块富含胡萝卜素，干物率较高。

叶宽10.3 cm，叶长8.5 cm，叶片大小中等，茎直径5.0 mm，茎粗细中等，基部分枝7个，分枝中等，最长蔓长63 cm，节间长3.6 cm。薯块干物率28.1%。

波　嘎

分　　类： 引进种

来　　源： 美国

特征特性： 薯块育苗萌芽性差，叶片心形带齿，顶叶褐色、成叶绿色，叶主脉紫斑色、侧脉绿色，脉基紫色，柄基绿色，茎端茸毛无，茎绿带褐色，自然开花少，杂交不亲和群别属C群。鲜薯产量高，薯皮红色，薯肉橘红色，胡萝卜素含量高，薯形美观，商品薯率高。

叶宽9.2 cm，叶长9 cm，茎直径3.9 mm，基部分枝5个，最长蔓长74 cm，节间长3.4 cm。薯块蒸熟食味60分，薯块干物率24.0%，鲜薯淀粉率12.5%，鲜薯可溶性糖含量2.0%，每100 g鲜薯维生素C含量18.0 mg、胡萝卜素含量9.2 mg。

Aymura Saki

分　　类：引进种

来　　源：日本

特征特性：薯块育苗萌芽性优，叶片浅单缺刻、中裂片半圆形，顶叶紫色、成叶绿色，叶主脉、侧脉皆绿色，脉基绿色，柄基紫色，茎端茸毛少，茎绿带紫色，自然开花少，杂交不亲和群别属B群。鲜薯产量中等，薯皮紫色，薯肉深紫色，薯块干物率特高，内外薯皮及薯肉皆紫色，花青素含量极高。

叶宽9.1 cm，叶长9.2 cm，叶片大小中等，茎直径4.7 mm，茎粗细中等，基部分枝7个，分枝数量中等，最长蔓长183 cm，蔓长中等。薯块干物率39.0%，鲜薯淀粉率23.0%，鲜薯可溶性糖含量2.5%，每100 g鲜薯花青素含量101.0 mg。

日 本 紫

分　　类：引进种

来　　源：日本

特征特性：薯块育苗萌芽性中等，叶片心形带齿，顶叶绿色、成叶绿色，叶主脉、侧脉皆紫色，脉基深紫色，柄基紫色，茎端茸毛少，茎绿带紫色，自然开花极少。鲜薯产量中等，薯皮紫色，薯肉紫色，薯皮光滑、薯块干物率较高。

叶宽10.9 cm，叶长11.5 cm，叶片大，茎直径7.4 mm，茎粗，基部分枝8个，分枝中等，最长蔓长93 cm。薯块干物率28.7%，鲜薯淀粉率17.0%，鲜薯可溶性糖含量4.1%，鲜薯还原糖含量1.3%，每100 g鲜薯花青素含量29.9 mg。

广薯 98

分　　类：育成种

来　　源：广东广州

特征特性：薯块育苗萌芽性优，叶片浅单缺刻、中裂片三角形，顶叶浅紫色、成叶绿色，叶主脉紫斑色、侧脉绿色，脉基深紫色，柄基紫色，茎端茸毛少，茎绿带紫色，自然开花无，杂交不亲和群别属D群。鲜薯产量高，薯皮橙黄色，薯肉橘红色，胡萝卜素含量极高，中抗薯瘟，适应性广，薯汁含量80.4%，适宜加工胡萝卜素甘薯汁饮料。

叶宽12.1 cm，叶长10.7 cm，茎直径6.1 mm，基部分枝11个，最长蔓长170 cm。薯块蒸熟食味65分，薯块干物率18.2%，鲜薯淀粉率8.6%，鲜薯可溶性糖含量3.8%，每100 g鲜薯维生素C含量18.2 mg、胡萝卜素含量11.8 mg。

宁紫薯1号

分　　类：育成种

来　　源：江苏南京

特征特性：薯块育苗萌芽性优，叶片心形全缘，顶叶绿色、成叶绿色，叶主脉、侧脉皆绿色，脉基浅紫色，柄基绿色，茎端茸毛少，茎绿带紫色，自然开花少，杂交不亲和群别属B群。鲜薯产量高，薯皮紫色，薯肉浅紫色，富含花青素，无裂皮，薯块干物率较高。

叶宽9.7 cm，叶长8.7 cm，叶片大小中等，茎直径4.6 mm，茎粗细中等，基部分枝12个，分枝多，最长蔓长190 cm。蔓长中等。薯块蒸熟食味70分，薯块干物率27.9%，鲜薯淀粉率18.8%，鲜薯可溶性糖含量3.7%，鲜薯还原糖含量2.7%，每100 g鲜薯花青素含量23.6 mg。

B2

分　　类：引进种

来　　源：日本

特征特性：薯块育苗萌芽性中等，茎叶生长势强，叶片浅单缺刻、中裂片三角形，顶叶紫绿色、成叶绿色，叶主脉、侧脉皆绿色，脉基绿色，柄基绿色，茎端茸毛中等，茎绿带紫色，自然开花少。鲜薯产量高，薯皮紫色，薯肉深紫带白色，花青素含量高，薯块干物率较高。

叶宽8.7 cm，叶长7.7 cm，叶片小，茎直径3.7 mm，茎细，基部分枝10个，分枝中等，最长蔓长105 cm，蔓长中等。薯块干物率27.9%。

TA1

甘薯种质资源

分　　类：引进种

来　　源：日本

特征特性：茎叶生长势中等，叶片浅单缺刻、中裂片三角形，顶叶紫绿色、成叶绿色，叶主脉、侧脉皆绿色，脉基绿色，柄基绿色，茎端茸毛中等，茎绿带紫色，自然开花偶然，株型匍匐型。鲜薯产量中等，薯形长纺锤形，薯皮紫色，薯肉深紫带白色，花青素含量高。薯块干物率27.1%，每100 g鲜薯花青素含量92.3 mg。

普宁菜种

分　　类: 农家种

来　　源: 广东普宁

特征特性: 茎叶生长势强,叶片中单缺刻、中裂片披针形,顶叶金黄色、成叶淡黄色,叶主脉、侧脉皆黄色,脉基浅绿色,柄基浅绿色,茎端茸毛无,茎浅绿色,自然开花少。株型特异,全株金黄色,适宜绿化观赏及性状遗传研究。株型匍匐型,鲜薯产量中等,薯形短纺锤形,薯皮紫红色,薯肉白色,薯块干物率高。

万紫薯56

分　　类：品系

来　　源：重庆

特征特性：薯块育苗萌芽性优，叶片浅复缺刻、中裂片三角形，顶叶浅绿色、成叶绿色，叶主脉、侧脉皆浅紫色，脉基紫色，柄基紫色，茎端茸毛无，茎绿带紫色，自然开花少，杂交不亲和群别属D群。鲜薯产量高，薯皮紫色，薯肉紫色、花青素含量高。薯块规则、整齐。高抗根腐病，抗蔓割病，中抗茎线虫病，耐贮性好。

薯块干物率27.3%，鲜薯淀粉率15.8%，鲜薯可溶性糖含量4.1%，鲜薯还原糖含量1.1%，每100 g鲜薯维生素C含量27.3 mg、花青素含量65.2 mg。

一 点 红

分　　类: 地方品种

来　　源: 广东

特征特性: 薯块育苗萌芽性优，叶片浅单缺刻、中裂片半圆形，顶叶紫色、成叶绿色，叶主脉、侧脉皆紫色，脉基深紫色，柄基深紫色，茎端茸毛无，茎深紫带绿色，自然开花极少，杂交不亲和群别属D群。鲜薯产量中等，薯皮紫红色，薯肉淡黄色，薯块蒸熟食味优，粉、香、甜，薯肉中心紫色，称一点红，商品性好。

茎直径5.4 mm，茎粗细中等，基部分枝14.7个，分枝多，最长蔓长133.6 cm，蔓长中等，节间长4 cm，节间短。薯块干物率26.4%，鲜薯淀粉率14.1%，鲜薯可溶性糖含量4.9%，鲜薯还原糖含量1.9%。

甘薯种质资源（side tab）

Onlean

分　　类：引进种

来　　源：美国巴吞鲁日

特征特性：薯块育苗萌芽性中等，叶片心形带齿，顶叶浅紫色、成叶绿色，叶主脉紫斑色、侧脉绿色，脉基浅紫色，柄基绿色，茎端茸毛无，茎绿带褐色，自然开花少，杂交不亲和群别属美国红群。鲜薯产量中等，薯皮红色，薯肉橘红色，薯块蒸熟食味优，胡萝卜素含量高，薯形美观，商品性好。

薯块干物率20.7%，鲜薯淀粉率12.3%，鲜薯可溶性糖含量3.4%，鲜薯还原糖含量1.4%。

苏薯 16

分　　类：育成种

来　　源：江苏南京

特征特性：茎叶生长势强，叶片心形全缘，顶叶绿色、成叶绿色，叶主脉、侧脉皆浅绿色，脉基浅绿色，柄基浅绿色，茎端茸毛无，茎绿色，自然开花无。鲜薯产量高，薯皮紫红色，薯肉黄带橙色，薯块蒸熟食味优，薯形好，富含胡萝卜素，商品性好。

薯块干物率27.7%，鲜薯可溶性糖含量4.5%，每100 g鲜薯胡萝卜素含量3.9 mg。

广菜薯5号

分　　类: 育成种

来　　源: 广东广州

特征特性: 萌芽性较好, 株型半直立, 生长势强, 顶叶浅复缺刻, 分枝多, 顶叶、叶基和茎均为绿色, 薯块纺锤形, 薯皮黄白色。幼嫩茎尖烫后颜色翠绿, 无苦涩味, 略有清香, 微甜和有滑腻感, 食味评分76.4分。

高抗蔓割病、抗茎线虫病、中抗根腐病, 中感薯瘟病。2012—2013年参加国家菜用甘薯品种区试, 茎尖两年平均产量35.76 t/hm^2, 比对照福薯7-6平均增产11.0%, 差异达显著水平。具有抗病性强、茎尖采收产量稳定、炒熟后保持青绿、口感甜脆等特点。该品种2015年通过国家甘薯品种鉴定。

广 薯 72

分　　类：育成种

来　　源：广东广州

特征特性：萌芽性优，株型匍匐型，中蔓分枝中等，叶片中复缺刻，顶叶浅绿色、成叶绿色，叶脉、茎皆为绿色，结薯集中整齐，单株结薯多，大中薯率78.2%，薯形长纺锤形，薯皮橘黄色，薯肉橘红色，富含胡萝卜素，薯身光滑较美观，薯块均匀，耐贮性好。大田薯瘟病抗性鉴定为中抗，室内薯瘟病抗性鉴定为抗病。该品种2016年通过广东省农作物品种审定委员会审定。

薯块干物率28.7%，淀粉率19.68%，每100 g鲜薯胡萝卜素含量达8.13 mg，蒸熟食用粉、香、甜，薯味浓，口感好。具有丰产稳产、富含胡萝卜素、抗病、综合性状优良等特点。2014—2015年广东省区试中，鲜、干薯平均产量分别为35.25 t/hm² 和10.09 t/hm²，比对照种广薯111增产21.63%和24.44%，差异均达极显著水平。

广薯 79

分　　类：育成种

来　　源：广东广州

特征特性：薯块育苗萌芽性优，叶片尖心形带齿，顶叶绿色、成叶绿色，叶主脉浅绿色、侧脉绿色，脉基绿色，柄基绿色，茎端茸毛中等，茎紫带绿色，自然开花少，杂交不亲和群别属D群。鲜薯产量高，薯皮棕黄色，薯肉橘红色，胡萝卜素含量高，薯块干物率较高。薯块大小均匀，结薯集中，单株结薯4～6条，大中薯比率79%，薯身光滑、美观，耐贮藏。

叶宽9.9 cm，叶长9.3 cm，茎直径3.6 mm，基部分枝13.6个，最长蔓长125 cm。薯块干物率28.7%，鲜薯淀粉率18.6%，鲜薯可溶性糖含量4.5%，鲜薯还原糖含量0.9%，每100 g鲜薯维生素C含量22.5 mg、胡萝卜素含量12.8 mg。

广 薯 87

分　　类: 育成种

来　　源: 广东广州

特征特性: 薯块育苗萌芽性优，叶片中复缺刻、中裂片半椭圆形，顶叶绿色、成叶绿色，叶主脉紫斑色、侧脉绿色，脉基紫色，柄基绿色，茎端茸毛少，茎绿色，自然开花少，杂交不亲和群别属88-70群。短蔓，分枝数多。鲜薯产量高，薯皮紫红色，薯肉橙色，富含胡萝卜素。单株结薯5～9条，大中薯比率76%，薯身光滑、美观，薯块均匀，结薯集中，单株结薯数多，耐贮藏。薯块优质、高产稳产，淀粉含量高，蒸熟食用80分，香甜、薯味浓、口感好。抗薯瘟病、蔓割病。综合性状优良。

叶宽11.7 cm，叶长13.7 cm，茎直径5.2 mm，基部分枝15.3个，最长蔓长97 cm。薯块干物率27.5%，鲜薯淀粉率20.9%，鲜薯可溶性糖含量2.6%，鲜薯还原糖含量0.9%。

广薯菜2号

分　　类: 育成种

来　　源: 广东广州

特征特性: 薯块育苗萌芽性优,叶片浅单缺刻、中裂片三角形,顶叶浅绿色、成叶绿色,叶主脉、侧脉皆绿色,脉基绿色,柄基绿色,茎端茸毛无,茎浅绿色,自然开花无,杂交不亲和群别属B群。茎叶嫩绿,适宜作叶菜用,幼嫩茎尖烫后,略有香味和苦涩味,微甜,有滑腻感,食味鉴定综合评分4.21分。鲜薯产量高,薯皮淡黄色,薯肉白色。

叶宽9.8 cm,叶长10.8 cm,茎直径4.9 mm,基部分枝18.9个,最长蔓长120 cm。薯块干物率21.4%,菜用茎尖产量31.76 t/hm^2,高抗茎线虫病,抗根腐病,抗黑斑病,抗蔓割病,中抗薯瘟病。

广紫薯1号

分　　类：育成种

来　　源：广东广州

特征特性：薯块育苗萌芽性优，叶片浅单缺刻，顶叶浅紫色、成叶绿色，叶主脉、侧脉皆紫色，脉基紫色，柄基紫色，茎端茸毛少，茎绿带紫色，自然开花无，杂交不亲和群别属B群。鲜薯产量高，薯皮紫红色，薯肉紫色，富含花青素。薯块早熟、优质、干物率较高、淀粉率高，蒸熟食味粉香、薯香味浓，口感好，食味评85分。单株结薯3～4条，大中薯比率高，薯身光滑。高抗Ⅰ群薯瘟病菌株，同时高抗蔓割病。

叶宽10.3 cm，叶长11.7 cm，叶片大，茎直径5.1 mm，茎粗细中等，基部分枝14个，分枝多，最长蔓长139 cm，蔓长中等。薯块干物率29.3%，鲜薯淀粉率22.6%，鲜薯可溶性糖含量1.4%，每100 g鲜薯维生素C含量23.6 mg、花青素含量11.8 mg。

广紫薯8号

分　　类：育成种

来　　源：广东广州

特征特性：短蔓半直立型，单株分枝数9～15条，蔓粗中等。叶片尖心形带齿，顶叶绿带紫色、成叶绿色，叶脉紫色，茎绿带浅紫色。薯块长纺锤形，薯皮紫色，薯肉紫色，单株结薯6.8个，大中薯率71.9%，结薯集中，整齐。花青素含量高（每100 g鲜薯花青素含量38.6 mg），淀粉率19.68%，薯身光滑、薯块较均匀，耐贮性好，蒸熟食用粉香，口感好。抗蔓割病，中抗薯瘟病。该品种2014年通过国家甘薯品种鉴定。

适宜广东等华南地区栽培。薯块培育嫩壮苗，种植密度45 000～54 000株/hm²，种植后90 d左右，用少量氮肥（约0.2%尿素水溶液）喷施2～3次以防止早衰。注意防治斜纹夜蛾和蚁象。夏秋薯全生育期130d以上，适时收获。

马铃薯

MALINGSHU
ZHONGZHI ZIYUAN

种质资源

冬种马铃薯是广东特色作物。广东省农业科学院作物研究所是省内最早开展马铃薯种质收集、保存及鉴评工作的研究机构。早在20世纪80年代就引种并审定了广东第一个马铃薯品种粤引85-38，目前该品种种植面积占全省马铃薯总面积的80%以上。广东省农业科学院作物研究所马铃薯资源库共收集和保存了各种类型的马铃薯种质资源500份，包括薯条薯片加工型、鲜食菜用型、红肉系列、紫肉系列、深黄肉系列等。

LY1710-1

分　　类：茄科茄属

来　　源：杂交选育

特征特性：幼苗平展，深绿色。株型直立半展开，分枝中等，株高55～65 cm。茎绿色，主茎易分枝。叶片绿色，叶缘平滑，复叶椭圆形，对生；托叶椭圆形，单叶叶柄中等且叶柄易生小叶。无花和天然浆果。薯块长椭圆形，薯皮黄色略麻，薯肉黄色，致密度紧。芽眼浅，结薯集中。

适宜广东等华南地区，10月下旬至11月中旬采用大垄双行条播。重施基肥，早施追肥，氮肥不宜过量。及时培土，起高垄。及时防治早疫病和晚疫病。单株产量0.83 kg左右，单株结薯数3.5个，单块薯重0.34 kg。

LY1710-2

分　　类：茄科茄属

来　　源：杂交选育

特征特性：幼苗平展，深绿色。株型直立半展开，分枝中等，株高45～55 cm。茎绿色，主茎易分枝。叶片绿色，叶缘平滑，复叶椭圆形，对生；托叶椭圆形，单叶叶柄长且叶柄易生小叶。无花和天然浆果。薯块椭圆形，薯皮黄色略麻，薯肉浅黄色，致密度紧。芽眼浅，结薯集中。

适宜广东等华南地区，要求地势平坦、排灌方便、疏松的沙壤土；应选择肥力中上等的田块，种植密度52 500～60 000株/hm²，播种期为10月下旬至11月中旬。重施基肥，早施追肥，氮肥不宜过量。及时培土，起高垄。及时防治早疫病和晚疫病。单株产量0.99 kg左右，单株结薯数4.3个，单块薯重0.16 kg。

LY1714-2

分　　类：茄科茄属

来　　源：杂交选育

特征特性：幼苗平展，深绿色。株型直立半展开，分枝中等，株高40～45 cm。茎绿带褐色，主茎易分枝。叶片绿色，叶缘平滑，复叶椭圆形，对生；托叶椭圆形，单叶叶柄长且叶柄易生小叶。无花和天然浆果。薯块椭圆形，薯皮红色，薯肉深黄色，致密度紧。芽眼深，结薯集中。

要求地势平坦、疏松的沙壤土，应选用肥力中上等的田地。种薯尽量采用健康整薯切块，并在切块过程中及时对刀具进行消毒处理。种植密度60 000～90 000株/hm²。单株产量0.62 kg左右，单株结薯数2.5个，单块薯重0.28 kg。

LY1717-2

分　　类：茄科茄属

来　　源：杂交选育

特征特性：幼苗平展，绿色。株型直立半展开，株高30～40 cm。茎绿色，主茎分枝中等。叶片绿色，叶缘平滑，复叶椭圆形，对生；托叶椭圆形，单叶叶柄中等且叶柄易生小叶。无花和天然浆果。薯块圆形，薯皮黄色略麻，薯肉黄色。芽眼浅，结薯集中。

　　选用脱毒种薯，适时播种。种植密度52 500～60 000 株/hm²。施足底肥，底肥以有机肥、复合肥为主；苗期及时追肥。单株产量0.6 kg左右，单株结薯数4.5个，单块薯重0.1 kg。

LY1718-2

分　　类：茄科茄属

来　　源：杂交选育

特征特性：幼苗平展，绿色。株型直立半开展，株高35～45 cm。茎绿色，主茎分枝少。叶片绿色，叶缘平滑，复叶椭圆形，对生；托叶椭圆形，单叶叶柄中等且叶柄易生小叶。无花和天然浆果。薯块扁椭圆形，薯皮黄色略麻，薯肉白色。芽眼中等，结薯集中。

　　适宜广东省粤东、粤西和粤北等冬种马铃薯产区种植，11月至翌年3月之间种植。选地要求地势平坦、排透良好、土壤疏松，用肥力适中。单株产量1.3 kg左右，单株结薯数5.5个，单块薯重0.2 kg。田间耐寒性中等，较抗晚疫病。

LY1722-2

分　类：茄科茄属

来　源：杂交选育

特征特性：幼苗平展，深绿色。株型直立，株高30～40 cm。茎绿色，主茎分枝少。叶片深绿色，叶缘平滑，复叶椭圆形，对生；托叶椭圆形，单叶叶柄中等且叶柄少小叶。无花和天然浆果。薯块长椭圆形，薯皮黄色略麻，薯肉黄色，芽眼浅，结薯集中。

适宜广东省粤东、粤西和粤北等冬种马铃薯产区种植，11月至翌年3月之间种植。单株产量1.0 kg左右，单株结薯数4.9个，单块薯重0.2 kg。较抗晚疫病。

川彩1号

分　　类：茄科茄属

来　　源：杂交选育

特征特性：植株生长势较强，出苗整齐，出苗率高。株型直立，株高35～45 cm。茎绿色带褐色，主茎分枝少。叶片绿色，叶缘平滑，复叶椭圆形，对生；托叶椭圆形，单叶叶柄长且叶柄易生小叶。花白色带浅紫色。结薯集中，块茎椭圆形，红皮黄肉，表皮光滑，芽眼浅。

选地要求地势平坦、排透水性好、土质疏松的沙壤土，应选用肥力中上等的田地。种薯尽量采用30～50 g健康整薯切块，并在切块过程中及时对刀具进行消毒处理。种植密度60 000～90 000 株/hm^2。

德薯2号

分　　类：茄科茄属

来　　源：杂交选育

特征特性：幼苗生长势强，平均株高50 cm，茎粗1.2 cm，茎秆绿色，叶片绿色。块茎扁圆形，薯形整齐度好，表皮光滑，淡黄皮白肉，粉红色芽眼，芽眼数中等，芽眼浅，结薯集中。淀粉含量17.4%，蛋白质含量2.0%，维生素C含量275 mg/kg，干物质含量25.2%。

喜水肥，应选择肥力中上等的田块，种植密度52 500 ~ 60 000 株/hm²。10月下旬至11月中旬采用大垄双行条播。苗期和现薯期进行1 ~ 2次中耕培土，并根据植株状况在苗期适量追施氮肥，根据田间墒情及时灌水。生育期75 d左右。抗马铃薯晚疫病，感花叶病毒病。

德薯3号

分　　类: 茄科茄属

来　　源: 杂交选育

特征特性: 出苗整齐,幼苗生长势强,株型直立,枝叶繁茂。叶、茎浓绿色,株高约44 cm,茎粗1.1 cm。块茎扁圆形,表皮略麻,白皮白肉,芽眼浅,结薯集中。总淀粉含量19.5%,蛋白质含量2.5%,维生素C含量393 mg/kg,干物质含量23.3%。

应选择肥力中上等的田块,种植密度52 500 ~ 60 000 株/hm²,播种期为10月下旬至11月中旬,采用大垄双行条播。在苗期和现蕾期进行1 ~ 2次中耕培土,并根据植株状况在苗期适量追施氮肥。属中晚熟品种,生育期94 d左右。抗马铃薯晚疫病,中感X病毒病,感Y病毒病。

鄂薯 14 号

分　　类：茄科茄属

来　　源：杂交选育

特征特性：株型直立，生长势强，株高 87 cm 左右。茎、叶绿色，叶片大小中等。花冠白色，开花繁茂，天然结实性强。匍匐茎短，结薯集中。块茎扁圆形，薯皮淡黄色，光滑，薯肉白色，芽眼浅。薯块干物质含量 25.1%，淀粉含量 18.1%，还原糖含量 0.07%，维生素C含量 964 mg/kg，蛋白质含量 2.42%。

选用脱毒种薯，适时播种。种植密度 52 500 ～ 60 000 株/hm²。施足底肥，苗期及时追施速效氮肥。及时中耕培土，注意轮作换茬，防治晚疫病。属中晚熟品种，生育期 85 d。单株平均主茎数 5 ～ 8 个，平均结薯数 10.9 个左右，平均单薯重 0.5 kg。抗花叶病毒病，高抗晚疫病。

青薯9号

分　　类：茄科茄属

来　　源：杂交选育

特征特性：株高97 cm，茎紫色，横断面三棱形。叶深绿色，较大，茸毛较多，叶缘平展，椭圆形，排列较紧密，互生或对生，有5对侧小叶，顶小叶椭圆形。聚伞花序，花冠浅红色，有黄绿色五星轮纹，无天然浆果。薯块椭圆形，表皮红色，有网纹，薯肉黄色，芽眼较浅。块茎淀粉含量19.7%，还原糖含量0.2%，干物质含量25.7%，维生素C含量230.3 mg/ kg。

播前选择优质低代脱毒种薯。适宜播期为4月中旬至5月上旬，播种量每公顷1 500 kg左右，种植密度60 000～70 000株/hm^2。苗齐后除草松土，及时培土，在开花前后喷施磷酸二氢钾2～3次。生育期115 d。植株耐旱、耐寒。抗晚疫病、环腐病。

希森6号

分　　类：茄科茄属

来　　源：杂交选育

特征特性：株型直立，生长势强，株高60～70 cm，茎绿色，叶片绿色，花冠白色。天然结实性少，单株主茎数2.3个，单株结薯数7.7块，匍匐茎中等。薯块长椭圆形，黄皮黄肉，薯皮光滑，芽眼浅，结薯集中。耐贮藏。干物质含量22.6%，淀粉含量15.1%，蛋白质含量1.8%，维生素C含量148 mg/kg，还原糖含量0.1%。

采用垄作点播方式种植，种植密度52 500～60 000株/hm²。生育期90 d左右。高感晚疫病，抗Y病毒，中抗X病毒。

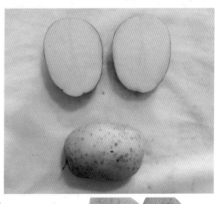

云薯 104

分　　类：茄科茄属

来　　源：杂交选育

特征特性：株型半扩散，生长势强，茎绿色，茎秆粗细中等，叶绿色。花序大小中等，花冠大小中等，花冠紫色，开花性中等繁茂，天然结实性弱。结薯集中，薯块椭圆形，整齐度中等，表皮光滑，淡黄皮，黄肉，芽眼浅。总淀粉含量16.0%，干物质含量23.7%，蛋白质含量2.0%，维生素C含量100 mg/kg，还原糖含量0.2%。

选用脱毒种薯，播前催芽，施足基肥，可适当增加农家肥和钾肥，种植密度60 000株/hm²。苗期及时进行中耕追肥。生育期123 d。高抗晚疫病，感花叶病毒病。

云 薯 301

分　　类：茄科茄属

来　　源：杂交选育

特征特性：株型半直立，株高70.6 cm左右，茎粗1.2 cm，茎绿色，茎翼明显波状，茎结部膨大。叶绿色。花冠白色，有天然结实。结薯集中，薯块圆形，黄皮黄肉，表皮光滑，芽眼浅。总淀粉含量15.3%，干物质含量25%，蛋白质含量3.4%，还原糖含量0.06%。

采用优质脱毒种薯，提前催芽，种植密度60 000 ～ 67 500株/hm²，施足基肥，可适当增加农家肥和钾肥。出苗后早施少施追肥，及时灌排水，及时除草、中耕和培土。生长期注意防治晚疫病。生育期112 d。单株结薯7.9个，平均单株重0.8kg，商品薯率70%～80%。抗晚疫病、卷叶病、青枯病和环腐病。

云薯 304

分　　类：茄科茄属

来　　源：杂交选育

特征特性：株型扩散，生长势强，株高45.1 cm，茎粗1.9 cm。叶片浓绿色，茎色绿色，花冠浅紫色，天然结实性弱。结薯集中，块茎扁圆形，黄皮淡黄肉，薯皮光滑，芽眼中等。总淀粉含量16.2%。还原糖含量0.05%，干物质含量22.5%，蛋白质含量2.2%，维生素C含量140 mg/kg。

选用健康种薯，播种前剔除病、烂、杂种薯。喜肥水，选择肥力中等以上地块种植。种植密度75 000 ～ 90 000 株/hm²。苗期和现蕾期进行2 ～ 3次中耕培土，适时收获。高抗晚疫病，抗X花叶病毒、抗Y花叶病毒。

云薯506

分　　类：茄科茄属

来　　源：杂交选育

特征特性：株型直立，幼苗生长势强，植株繁茂度中等，株高60～70 cm，分枝1～2个。茎绿色，叶绿色，花冠紫色，开花性强，天然结实率高。结薯集中，薯块长椭圆形，白皮白肉，表皮光滑，芽眼浅，薯块大，田间烂薯率低，大薯无空心现象。干物质含量21.9%，淀粉含量17.4%，蛋白质含量1.7%，维生素C含量120 mg/kg，还原糖含量0.71%。

应选择肥力中上等的田块，播种前剔除烂、病、杂薯和衰老薯块，选择健康种薯，种植密度60 000～67 500株/hm²。在苗期和现蕾期进行1～2次中耕培土，并根据植株状况在苗期适量追施尿素。生育期92 d左右。抗晚疫病，感花叶病毒病。

云薯 603

分　　类：茄科茄属

来　　源：杂交选育

特征特征：株高77 cm，茎粗1.2 cm，茎秆深紫色。叶浓绿色，茎翼波形，复叶中等大小。花冠近五边形，白色背面淡紫，大小中等，花药畸形，开花性中等。结薯集中，薯块扁圆形，麻皮，芽眼浅，块茎芽眼少、红色。总淀粉含量15.77%，还原糖含量0.4%，水分75.1%，蛋白质含量2.7%，维生素C含量193 mg/ kg。

生育期112 d。抗晚疫病，感轻花叶病毒病和重花叶病毒病。

中薯 18

分　　类：茄科茄属

来　　源：杂交选育

特征特性：株型直立，生长势强，株高68 cm，单株主茎数2.3个，茎绿色带褐色。叶深绿色。花冠浅紫色，天然结实少。匍匐茎短。薯块椭圆形，淡黄皮淡黄肉，芽眼浅。淀粉含量15.5%，干物质含量23.7%，还原糖含量0.4%，粗蛋白含量2.3%，维生素C含量173 mg/ kg。

种植密度52 500 ～ 60 000 株/hm²，一般旱地采用平播平作、灌溉地块采用垄作方式种植。按当地生产水平适当增施有机肥，合理增施化肥。生育期间及时中耕培土，及时灌溉。生育期99 d，单株结薯6.1个，单株重1.2kg，商品薯率72.8%。抗花叶病毒病，感晚疫病。

紫云1号

分　　类：茄科茄属

来　　源：杂交选育

特征特性： 株型扩散，生长势强，枝叶繁茂，株高80～110 cm。叶绿色，茎、叶脉有紫色素分布。花冠浅紫色，开花性强。匍匐茎长，结薯分散，结薯数多，块茎小，薯块圆形，紫皮紫肉，表皮光滑，芽眼少而浅。干物质含量25.3%，淀粉含量15.4%，还原糖含量0.59%，粗蛋白含量2.3%，维生素C含量256 mg/kg，花青素含量200 mg/kg。

晚熟，生育期130 d左右。田间表现植株抗晚疫病，无PVX、PVY等病毒病感染。块茎易感染干腐病。

陇薯7号

分　　类：茄科茄属

来　　源：杂交选育

特征特性：株型直立，株高57 cm左右，生长势强，分枝少，枝叶繁茂，茎、叶绿色，花冠白色，天然结实性差。薯块椭圆形，黄皮黄肉，芽眼浅。淀粉含量13.0%，干物质含量23.3%，还原糖含量0.3%，粗蛋白含量2.7%，维生素C含量186 mg/kg。

种植密度52 500～60 000株/hm²，重施基肥，早施追肥，氮肥不宜过量，及时培土，起高垄，收获前割秧，促使薯皮老化。中晚熟鲜食品种，生育期115 d左右。单株结薯5.8个，商品薯率80.7%。抗马铃薯X病毒病，中抗马铃薯Y病毒病，轻感晚疫病。

陇彩1号

分　　类：茄科茄属

来　　源：杂交选育

特征特性： 株型半直立，分枝中等。叶片深绿，株高60～65 cm，茎紫带褐色，花冠蓝色。单株结薯3～5个，天然结实性强。薯块椭圆形，芽眼浅，薯皮光滑、深紫色。花青素含量820 mg/kg，干物质含量21.7%，粗蛋白含量2.3%，淀粉含量13.8%，还原糖含量0.3%，维生素C含量1 861 mg/kg。

生育期86 d。抗病性经田间自然发病调查，感晚疫病，对花叶病毒病具有一定的田间抗性。

粤薯1号

分　　类：茄科茄属

来　　源：杂交选育

特征特性：株高45～50 cm，茎绿稍带褐色，主茎易分枝。叶片深绿色，叶缘平滑，复叶椭圆形，对生；托叶椭圆形，单叶叶柄长且叶柄易生小叶。聚伞花序，花蕾椭圆形，紫红色；萼片绿带紫色，长尖形；花冠浅紫红色，星形，花瓣尖，尖端白色；雌蕊花柱稍长，柱头圆形，无分裂，绿色；雄蕊5枚圆锥形，黄色。无天然浆果。薯块长椭圆形，薯皮浅黄色，薯肉浅黄色，致密度紧，芽眼浅。

适宜广东省粤东、粤西和粤北等冬种马铃薯产区种植，11月至翌年3月之间种植，注意防治早疫病和黑胫病。生育期90～100 d。商品薯率约为90%。田间耐寒性强，高抗晚疫病，中抗病毒病。

粤薯2号

分　　类：茄科茄属

来　　源：杂交选育

特征特性：株型直立，无分枝，株高45～55 cm；茎绿色，主茎不分枝。叶片绿色，叶缘平滑，复叶椭圆形，对生；托叶椭圆形，单叶叶柄长且叶柄易生小叶。薯块椭圆形，薯皮白色，薯肉白色，芽眼浅，结薯集中。

适宜广东省粤东、粤西和粤北等冬种马铃薯产区种植，11月至翌年3月之间种植。属中熟品种，全生育期80～90 d。单株产量1.2 kg左右，单株结薯数6.3个，单块薯重0.2 kg。田间抗晚疫病。

粤紫薯2号

分　　类：茄科茄属

来　　源：杂交选育

特征特性：株型直立半开展，分枝少，株高85～95 cm。茎绿稍带褐色，主茎分枝少。叶片浅绿色，叶缘平滑，复叶椭圆形，对生；托叶椭圆形，单叶叶柄长且叶柄易生小叶。现蕾但不开花，无天然浆果。薯块椭圆形，薯皮略麻，紫色，薯肉白色带有紫圈，芽眼浅，结薯集中。

适宜广东省粤东、粤西和粤北等冬种马铃薯产区种植，11月至翌年3月之间种植。注意防治早疫病和晚疫病。属中晚熟品种，全生育期90～100 d。单株产量1.3 kg左右，单株结薯数6.4个，单块薯重0.2 kg。田间耐寒性较强。

粤薯3号

分　　类：茄科茄属

来　　源：杂交选育

特征特性：株型直立半开展，分枝少，株高40～50 cm。茎绿色，主茎分枝少。叶片浅绿色，叶缘平滑，复叶椭圆形，对生；托叶椭圆形，单叶叶柄短且叶柄有小叶。无花和浆果。薯块椭圆形，薯皮光滑，白色，薯肉白色，致密度紧，芽眼浅，结薯集中。

适宜广东省粤东、粤西和粤北等冬种马铃薯产区种植，11月至翌年3月之间种植。属中早熟品种，全生育期80～90 d。单株产量1.7 kg左右，单株结薯数15个，单块薯重0.1 kg。田间耐寒性较强，较抗晚疫病。

粤红4号

分　　类：茄科茄属

来　　源：杂交选育

特征特性：株型直立，分枝少，株高60 ~ 70 cm；茎绿色，主茎分枝少。叶片浅绿色，叶缘平滑，复叶椭圆形，对生，托叶椭圆形，单叶叶柄短且叶柄不易生小叶。聚伞花序，花蕾椭圆形，紫色；萼片绿带紫色，长尖形；花冠紫色，五边形，花瓣尖，尖端白色；雌蕊花柱稍长，柱头圆形，无分裂，绿色；雄蕊5枚圆锥形，黄色。无天然浆果。薯块椭圆形，薯皮光滑、红色，薯肉白色，致密度紧，芽眼浅，结薯集中。

适宜广东省粤东、粤西和粤北等冬种马铃薯产区种植，11月至翌年3月之间种植。属中早熟品种，全生育期80 ~ 90 d。单株产量1.5 kg左右，单株结薯数8个，单块薯重0.2 kg。田间耐寒性较强，抗晚疫病，薯块较耐贮藏。

咖 喱 薯

分　　类：茄科茄属

来　　源：杂交选育

特征特性：株型直立半开展，分枝多，株高35 ～ 45 cm。茎绿色局部紫色，主茎分枝少。叶片深绿色，叶缘平滑，复叶椭圆形，对生；托叶椭圆形，单叶叶柄短且叶柄不易生小叶。花冠紫色。薯块长椭圆形，薯皮光滑、紫红色，薯肉白色，致密度松，芽眼深，结薯集中。

适宜广东省粤东、粤西和粤北等冬种马铃薯产区种植，11月至翌年3月之间种植。属中早熟品种，全生育期80 ～ 90 d。单株产量0.6 kg左右，单株结薯数10.2个，单块薯重0.1 kg。田间耐寒性中等，较抗晚疫病。

烟草
YANCAO
ZHONGZHI ZIYUAN
种质资源

  烟草种质资源是烟草新品种选育和烟叶生产的物质基础，也是生物技术研究的模式植物之一。广东省农业科学院作物研究所烟草种质资源收集保存工作始于20世纪50年代初期，目前收集保存烟草种质资源1 293份，包括烤烟、晒晾烟、白肋烟、黄花烟、雪茄烟、香料烟、野生烟等类型。

Coker 48

分　　类: 烤烟型（Flue-cured tobacco）

生长习性: 直立

倍　　性: 异源四倍体

来　　源: 原产美国，2008年从中国农业科学院烟草研究所引入广东省农业科学院作物研究所保存

特征特性: 植株塔形，株高183.0 cm，叶数23.0片，节距6.8 cm，茎围9.6 cm，腰叶长60.4 cm、宽25.4 cm。叶形长椭圆形，叶尖急尖，叶面较皱，叶缘波状，叶色绿，叶耳大小中等，主脉粗度中等，叶片厚，茎叶角度中等。花序松散、菱形，花色淡红。苗龄72 d，移栽至现蕾46 d，移栽至中心花开47 d，全生育期151 d。高抗黑胫病，中抗青枯病，感根结线虫病和TMV，高感气候型斑点病。

Coker 110

分　　类: 烤烟型（Flue-cured tobacco）

生长习性: 直立

倍　　性: 异源四倍体

来　　源: 原产美国，2008年从中国农业科学院烟草研究所引入广东省农业科学院作物研究所保存

特征特性: 植株塔形，株高177.4 cm，叶数24.2片，节距5.2 cm，茎围9.8 cm，腰叶长57.4 cm、宽34.3 cm。叶形宽椭圆形，叶尖急尖，叶面较平，叶缘波状，叶色绿，叶耳大，主脉粗度中等，叶片厚度中等，茎叶角度中等。花序松散、菱形，花色淡红。苗龄70 d，移栽至现蕾54 d，移栽至中心花开58 d，全生育期156 d。高抗根结线虫病，抗黑胫病。

Coker 139

分　　类：烤烟型（Flue-cured tobacco）

生长习性：直立

倍　　性：异源四倍体

来　　源：原产美国，1986年从贵州遵义引入广东省农业科学院作物研究所保存

特征特性：植株塔形，株高168.4 cm，叶数24.6片，节距4.8 cm，茎围9.4 cm，腰叶长69.0 cm、宽39.9 cm。叶形宽椭圆形，叶尖渐尖，叶面较皱，叶缘波状，叶色绿，叶耳大小中等，主脉粗度中等，叶片厚度中等，茎叶角度中等。花序松散、菱形，花色淡红。苗龄70 d，移栽至现蕾57 d，移栽至中心花开62 d，全生育期161 d。感青枯病和赤星病，中感根结线虫病。

Coker 176

分　　类：烤烟型（Flue-cured tobacco）

生长习性：直立

倍　　性：异源四倍体

来　　源：原产美国，2008年从中国农业科学院烟草研究所引入广东省农业科学院作物研究所保存

特征特性：植株塔形，株高209.0 cm，叶数22.2片，节距6.7 cm，茎围9.3 cm，腰叶长61.2 cm、宽31.0 cm。叶形宽椭圆形，叶尖急尖，叶面较平，叶缘微波状，叶色绿，叶耳大小中等，主脉粗度中等，叶片厚，茎叶角度中等。花序松散、菱形，花色淡红。苗龄72 d，移栽至现蕾52 d，移栽至中心花开57 d，全生育期160 d。抗TMV，中抗黑胫病、青枯病、根结线虫病和气候型斑点病，感PVY。

Coker 316

分　　类: 烤烟型（Flue-cured tobacco）

生长习性: 直立

倍　　性: 异源四倍体

来　　源: 原产美国，2008年从中国农业科学院烟草研究所引入广东省农业科学院作物研究所保存

特征特性: 植株筒形，株高167.0 cm，叶数25.0片，节距6.1 cm，茎围9.4 cm，腰叶长66.2 cm、宽27.6 cm。叶形长椭圆形，叶尖渐尖，叶面较皱，叶缘波状，叶色绿，叶耳大小中等，主脉粗度中等，叶片较厚，茎叶角度中等。花序松散、菱形，花色淡红。苗龄79 d，移栽至现蕾52 d，移栽至中心花开57 d，全生育期160 d。中抗黑胫病，感青枯病、根结线虫病，中感TMV。

JB-33

分　　类：烤烟型（Flue-cured tobacco）

生长习性：直立

倍　　性：异源四倍体

来　　源：国外引进品种，2008年从中国农业科学院烟草研究所引入广东省农业科学院作物研究所保存

特征特性：植株塔形，株高174.6 cm，叶数23.8片，节距5.0 cm，茎围9.7 cm，腰叶长80.6 cm、宽31.9 cm。叶形长椭圆形，叶尖渐尖，叶面皱，叶缘皱折，叶色绿，叶耳大小中等，主脉粗度中等，叶片厚度中等，茎叶角度小。花序松散、菱形，花色淡红。苗龄74 d，移栽至现蕾55 d，移栽至中心花开61 d，全生育期161 d。感黑胫病和TMV，中感青枯病和CMV。

K326

分　　类：烤烟型（Flue-cured tobacco）

生长习性：直立

倍　　性：异源四倍体

来　　源：原产美国，1995年从中国农业科学院烟草研究所引入广东省农业科学院作物研究所保存

特征特性：植株塔形，株高152.0 cm，叶数26.4片，节距4.5 cm，茎围8.6 cm，腰叶长64.8 cm、宽21.6 cm。叶形长椭圆形，叶尖渐尖，叶面较皱，叶缘波浪，叶色绿，叶耳大小中等，主脉粗度中等，叶片较厚，茎叶角度中等。花序松散、菱形，花色淡红。苗龄75 d，移栽至现蕾50 d，移栽至中心花开57 d，全生育期160 d。抗黑胫病和根结线虫病，中抗青枯病，中感赤星病和CMV，感TMV和PVY。

K394

分　　类：烤烟型（Flue-cured tobacco）

生长习性：直立

倍　　性：异源四倍体

来　　源：原产美国，1987年从广东省南雄烟草研究所引入广东省农业科学院作物研究所保存

特征特性：植株塔形，株高175.0 cm，叶数26.2片，节距6.8 cm，茎围9.6 cm，腰叶长67.0 cm、宽25.2 cm。叶形长椭圆形，叶尖渐尖，叶面较皱，叶缘皱折，叶色绿，叶耳大小中等，主脉粗度中等，叶片厚，茎叶角度中等。花序松散、菱形，花色淡红。苗龄81 d，移栽至现蕾56 d，移栽至中心花开62 d，全生育期166 d。抗黑胫病，中感青枯病、赤星病和CMV，中抗根结线虫病和烟蚜，感TMV和PVY。

NC729

分　　类：烤烟型（Flue-cured tobacco）

生长习性：直立

倍　　性：异源四倍体

来　　源：原产美国，1997年从广东省烟草公司引入广东省农业科学院作物研究所保存

特征特性：植株橄榄形，株高129.8 cm，叶数21.2片，节距5.3 cm，茎围8.0 cm，腰叶长66.4 cm、宽25.0 cm。叶形长椭圆形，叶尖渐尖，叶面较皱，叶缘皱折，叶色黄绿，叶耳大小中等，主脉粗度中等，叶片厚度中等，茎叶角度中等。花序松散、球形，花色淡红。苗龄54 d，移栽至现蕾68 d，移栽至中心花开74 d，全生育期153 d。中抗青枯病、根结线虫病和赤星病，中感黑胫病。

SF1710

分　　类：烤烟型（Flue-cured tobacco）

生长习性：直立

倍　　性：异源四倍体

来　　源：广东省丰顺县地方烤烟品种，2017年从广东省烟草公司引入广东省农业科学院作物研究所保存

特征特性：植株塔形，株高157.0 cm，叶数22.2片，节距6.2 cm，茎围9.6 cm，腰叶长61.2 cm、宽31.0 cm。叶形长椭圆形，叶尖渐尖，叶面较平，叶缘微波状，叶色绿，叶耳大小中等，主脉粗度中等，叶片厚，茎叶角度中等。花序松散、倒圆锥形，花色淡红。苗龄75 d，移栽至现蕾42 d，移栽至中心花开47 d，全生育期151 d。中抗TMV、黑胫病、根结线虫病和气候型斑点病，感青枯病、PVY。

Speight G-70

分　　类：烤烟型（Flue-cured tobacco）

生长习性：直立

倍　　性：异源四倍体

来　　源：原产美国，由斯佩特种子公司育成，2008年从中国农业科学院烟草研究所引入广东省农业科学院作物研究所保存

特征特性：植株筒形，株高151.80 cm，叶数24.8片，节距5.6 cm，茎围9.3 cm，腰叶长57.6 cm、宽31.0 cm。叶形宽椭圆形，叶尖渐尖，叶面较皱，叶缘波状，叶色绿，叶耳大小中等，主脉粗度中等，叶片厚，茎叶角度中等。花序松散、菱形，花色淡红。苗龄79 d，移栽至现蕾56 d，移栽至中心花开62 d，全生育期166 d。中抗黑胫病，感青枯病，中感根结线虫病，高感气候型斑点病。

根 子 烟

分　　类: 晒烟型（Sun-cured tobacco）

生长习性: 直立

倍　　性: 异源四倍体

来　　源: 广东省高州市地方晒烟品种，由广东省农业科学院作物研究所收集保存

特征特性: 植株塔形，株高190.0 cm，叶数28.6片，节距4.5 cm，茎围9.7 cm，腰叶长61.5 cm、宽23.9 cm。叶形长卵圆形，叶尖渐尖，叶面较平，叶缘微波状，叶色绿，叶耳无，主脉粗度中等，叶片厚度中等，茎叶角度中等。花序松散、菱形，花色淡红。苗龄80 d，移栽至现蕾52 d，移栽至中心花开61 d，全生育期156 d。感黑胫病、青枯病、根结线虫病和CMV。

广 烟 125

分　　类：烤烟型（Flue-cured tobacco）

生长习性：直立

倍　　性：异源四倍体

来　　源：广东省农业科学院作物研究所用K358×红大×K358杂交选育而成

特征特性：植株塔形，株高169.4 cm，叶数25.7片，节距3.5 cm，茎围10.2 cm，腰叶长60.5 cm、宽28.2 cm。叶形椭圆形，叶尖急尖，叶面较皱，叶缘微波状，叶色黄绿，叶耳小，主脉粗，叶片较厚，茎叶角度小。花序密集、菱形，花色淡红。苗龄49 d，移栽至现蕾54 d，移栽至中心花开62 d，全生育期151 d。中抗TMV、黑胫病、青枯病和根结线虫病，感PVY和气候型斑点病。

广 烟 127

分　　类：烤烟型（Flue-cured tobacco）

生长习性：直立

倍　　性：异源四倍体

来　　源：广东省农业科学院作物研究所用89-97×95-6-2杂交选育而成

特征特性：植株塔形，株高166.0 cm，叶数24.0片，节距4.9 cm，茎围8.3 cm，腰叶长61.7 cm、宽28.8 cm。叶形椭圆形，叶尖渐尖，叶面较平，叶缘微波状，叶色黄绿，叶耳小，主脉粗度中等，叶片厚度中等，茎叶角度中等。花序密集、菱形，花色红。苗龄50 d，移栽至现蕾55 d，移栽至中心花开60 d，全生育期135 d。TMV、CMV、PVY、青枯病无，黑胫病轻。

哈利亚波亚

分　　类：烤烟型（Flue-cured tobacco）

生长习性：直立

倍　　性：异源四倍体

来　　源：原产美国，1957年引入广东省农业科学院作物研究所保存

特征特性：植株筒形，株高243.5 cm，叶数32.8片，节距6.9 cm，茎围9.1 cm，腰叶长57.4 cm、宽31.4 cm。叶形宽椭圆形，叶尖急尖，叶面较平，叶缘微波状，叶色黄绿，叶耳大，主脉细，叶片较薄，茎叶角度中等。花序密集、球形，花色淡红。苗龄72 d，移栽至现蕾59 d，移栽至中心花开62 d，全生育期173 d。CMV、PVY、青枯病无，TMV、黑胫病轻。

鹤 龙

分　　类: 晒烟型（Sun-cured tobacco）

生长习性: 直立

倍　　性: 异源四倍体

来　　源: 广东省鹤山市地方晒烟品种，1979年由广东省农业科学院作物研究所收集保存

特征特性: 植株塔形，株高194.8 cm，叶数32.2片，节距3.1 cm，茎围9.2 cm，腰叶长52.4 cm、宽20.2 cm。叶形长卵圆形，叶尖尾尖，叶面平，叶缘微波状，叶色深绿，叶耳无，主脉细，叶片厚度中等，茎叶角度中等。花序松散、倒圆锥形，花色淡红。苗龄49 d，移栽至现蕾56 d，移栽至中心花开63 d，全生育期137 d。感黑胫病和青枯病，中感根结线虫病。

烟草种质资源

黑苗金丝尾

分　　类：晒烟型（Sun-cured tobacco）

生长习性：直立

倍　　性：异源四倍体

来　　源：广东省高州市地方晒烟品种，1956年由广东省农业科学院作物研究所收集保存

特征特性：植株塔形，株高146.4 cm，叶数15.2片，节距4.9 cm，茎围7.4 cm，腰叶长75.2 cm、宽18.4 cm。叶形披针形，叶尖尾尖，叶面较平，叶缘微波状，叶色绿，叶耳无，主脉粗度中等，叶片较厚，茎叶角度中等。花序松散、菱形，花色淡红。苗龄57 d，移栽至现蕾56 d，移栽至中心花开65 d，全生育期142 d。CMV、PVY、黑胫病、青枯病无，TMV轻。

黄 花 烟

分　　类：黄花烟（Rustica）

生长习性：直立

倍　　性：异源四倍体

来　　源：原产新疆，1980年由广东省农业科学院作物研究所引入保存

特征特性：植株橄榄形，株高80.6 cm，叶数14.9片，节距5.3 cm，茎围7.3 cm，腰叶长41.8 cm、宽31.4 cm。叶形心脏形，叶尖钝尖，叶面较皱，叶缘微波状，叶色深绿状，叶耳无，主脉粗度中等，叶片较薄，茎叶角度大。花序密集、菱形，花色黄。苗龄61 d，移栽至现蕾27 d，移栽至中心花开35 d，全生育期144 d。CMV无，TMV、PVY、黑胫病、青枯病轻。

加里白色

分　　类：烤烟型（Flue-cured tobacco）

生长习性：直立

倍　　性：异源四倍体

来　　源：国外引进品种，由广东省农业科学院作物研究所引入保存

特征特性：植株筒形，株高153.4 cm，叶数20.1片，节距4.7 cm，茎围9.6 cm，腰叶长73.2 cm、宽23.9 cm。叶形长椭圆形，叶尖尾尖，叶面较平，叶缘皱折，叶色绿，叶耳小，主脉粗度中等，叶片厚度中等，茎叶角度中等。花序松散、菱形，花色淡红。苗龄72 d，移栽至现蕾50 d，移栽至中心花开54 d，全生育期157 d。PVY、黑胫病、青枯病无，TMV、CMV轻。

歪尾烟

分　　类：烤烟型（Flue-cured tobacco）

生长习性：直立

倍　　性：异源四倍体

来　　源：广东省韶关市地方烤烟品种，由广东省农业科学院作物研究所收集保存

特征特性：植株塔形，株高182.0 cm，叶数25.8片，节距5.9 cm，茎围9.4 cm，腰叶长76.8 cm、宽33.2 cm。叶形长椭圆形，叶尖渐尖，叶面较平，叶缘微波状，叶色绿，叶耳大小中等，主脉粗，叶片厚，茎叶角度中等。花序松散、菱形，花色淡红。苗龄77 d，移栽至现蕾52 d，移栽至中心花开57 d，全生育期151 d。中抗青枯病、CMV、TMV、PVY、黑胫病轻。

粤 烟 134

分　　类：烤烟型（Flue-cured tobacco）

生长习性：直立

倍　　性：异源四倍体

来　　源：广东省农业科学院作物研究所用 Ms YA47-4 × 韶烟 1 号杂交选育而成

特征特性：植株塔形，株高 169.0 cm，叶数 24.8 片，节距 5.7 cm，茎围 9.1 cm，腰叶长 75.6 cm、宽 31.2 cm。叶形长椭圆形，叶尖渐尖，叶面较皱，叶缘波状，叶色绿，叶耳大小中等，主脉粗，叶片较厚，茎叶角度中等。花序松散、菱形，花色红。苗龄 79 d，移栽至现蕾 56 d，移栽至中心花开 62 d，全生育期 166 d。高抗 TMV，中抗黑胫病、青枯病、根结线虫病和气候型斑点病。

粤 烟 208

分　　类：烤烟型（Flue-cured tobacco）

生长习性：直立

倍　　性：异源四倍体

来　　源：广东省农业科学院作物研究所用Ms K326(系选)×98-39-1杂交选育而成，2017年通过全国烟草品种审定委员会审定

特征特性：植株塔形，株高164.0 cm，叶数24.8片，节距5.9 cm，茎围8.2 cm，腰叶长66.6 cm、宽26.2 cm。叶形宽椭圆形，叶尖渐尖，叶面较皱，叶缘皱折，叶色绿，叶耳大，主脉粗，叶片厚度中等，茎叶角度中等。花序松散、菱形，花色淡红。苗龄75 d，移栽至现蕾52 d，移栽至中心花开57 d，全生育期153 d。中抗TMV、黑胫病、青枯病和根结线虫病，感PVY和气候型斑点病。

云 烟 87

分　　类：烤烟型（Flue-cured tobacco）

生长习性：直立

倍　　性：异源四倍体

来　　源：原产云南，云南省烟草科学研究所用云烟2号×K326杂交选育而成，2000年通过全国烟草品种审定委员会审定

特征特性：植株塔形，株高145.8 cm，叶数21.2片，节距5.8 cm，茎围9.7 cm，腰叶长71.2 cm、宽23.20 cm。叶形长椭圆形，叶尖渐尖，叶面较皱，叶缘波状，叶色绿，叶耳大小中等，主脉粗度中等，叶片较厚，茎叶角度小。花序松散、菱形，花色红。苗龄72 d，移栽至现蕾52 d，移栽至中心花开57 d，全生育期160 d。抗根结线虫病，中感黑胫病、青枯病和赤星病，易感TMV。

特色作物
与南药 种质资源

TESE ZUOWU YU NANYAO
ZHONGZHI ZIYUAN

围绕岭南特色"药食同源"作物为研究目标，广东省农业科学院作物研究所开展特色经济作物与道地南药资源的收集、鉴评、保护和利用工作。收集保存全国各地药用植物资源100余种600余份，涵盖16大类型，包括8种道地岭南中药材，如阳春砂、巴戟天、广藿香等，以及其他传统南药和地方品种，如铁皮石斛、金线莲、穿心莲、牛大力等。在石斛属76种中，共收集保存药用石斛30多种150余份，如霍山石斛、铁皮石斛、金钗石斛、鼓槌石斛等。金线莲资源约40余份，主要类型有金脉型、银脉型、尖叶型、圆叶型等。

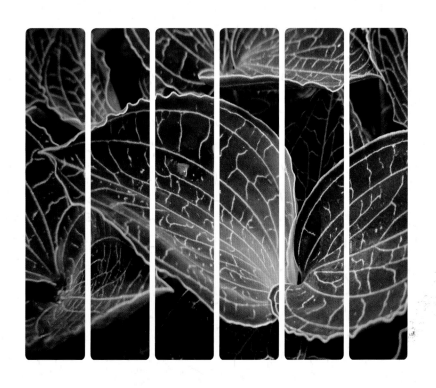

牛 大 力

分　　类：木本豆科崖豆藤属，学名*Millettia speciosa* Champ，别名猪脚笠、金钟根、山莲藕、倒吊金钟、大力薯

来　　源：海南、福建、台湾、广西、广东、湖北、湖南、贵州、江西等地有分布

特征特性：攀援灌木，长1～3 m。根系向下直伸，长1 m左右。幼枝有棱角，被褐色柔毛，渐变无毛。叶互生；奇数羽状复叶，长15～25 cm，叶柄长3～4 cm，托叶披针形，宿存，小叶7～17片，具短柄，基部有针状托叶一对，宿存；叶片长椭圆形或长椭圆披针形，长4～8 cm，宽1.5～3 cm，先端钝短尖，基部钝圆，叶正面无毛，光亮，干时粉绿色，背面被柔毛或无毛，干时红褐色，边缘反卷。花两性，腋生，短总状花序稠密；花梗长1～1.5 cm；花苞2裂；萼5裂，披针形，在最下面的1片最长；花冠略长于萼，粉红色，旗瓣秃净，圆形，基部白色，外有纵紫纹；翼瓣基部白色，有柄，前端紫色；龙骨瓣2片，基部浅白色，前部互相包着雌雄蕊；雄蕊10，两体，花药黄色，圆形；雌蕊1，子房上位。荚果长8～10 mm，径约5 mm。种子2枚，圆形。花期8～9月。果期10月。

利用价值：具有较高的药用价值和食用价值。以根入药，具平肝、润肺、养肾补虚、强筋活络之功效。民间作为食材应用较广，牛大力提取物已应用于临床药物和保健品。

濒危状况及保护措施建议：野生资源采挖过度。建议建立标准化种植基地，保障其药效。

绞 股 蓝

分　　类：葫芦科绞股蓝属，学名 *Gynostemma pentaphyllum* (Thunb.) Makino

来　　源：四川、云南、湖北、湖南、广东、广西、陕西、福建等地均有分布

特征特性：多年生攀援草本。茎细长，节上有毛或无毛，卷须常2裂或不分裂。叶鸟足状，常有5～7片小叶组成，小叶片长椭圆状披针形至卵形，有小叶柄，中间小叶片长3～9 cm、宽1.5～3 cm，边缘有锯齿，背面或沿两面叶脉有短刚毛或近无毛。圆锥花序；花小，直径约3 mm；花萼裂片三角形，长约0.5 mm；花冠裂片披针形，长约2 mm。果球形，成熟时黑色。花期7～8月，果期9～10月。

利用价值：被称为神奇的不老长寿药草，具消炎解毒、止咳祛痰、补虚、清热、解毒之功效。可开发利用以绞股蓝有效成分为主的医药、茶、保健食品饮料等产品。

濒危状况及保护措施建议：野生资源采挖过度。建议推广绞股蓝大规模人工种植，坚持野生资源的可持续发展，提倡"最大采收量"原则。

大苞鞘石斛

分　　类：兰科石斛属，学名 *Dendrobium wardianum* Warner

来　　源：云南东南部至西部（金平、勐腊、镇康、腾冲、盈江）

特征特性：茎斜立或下垂，肉质状肥厚，圆柱形不分枝，具多节；节间多少肿胀呈棒状。叶薄革质，二列，狭长圆形。总状花序从落了叶的老茎中部以上部分发出，具1～3朵花；花大，开展，白色带紫色先端；花瓣宽长圆形，与中萼片等长而较宽，达2.8 cm，先端钝，基部具短爪，具5条主脉和许多支脉；唇瓣白色带紫色先端，宽卵形。花期3～5月。对土肥要求不甚严格，在适宜的温度湿度下，生长速度快，生存能力非常强。

利用价值：具有较高的园艺价值和药用价值。具滋阴养胃、清热生津之功效。不但可作切花、盆栽观赏，而且其茎条的多糖含量显著高于铁皮石斛，可用于加工枫斗。

濒危状况及保护措施建议：由于不合理采挖和生境的破坏，野生石斛资源日渐稀少。建议切实加强资源保护，并建立规模化种植基地。

串珠石斛

分　　类：兰科石斛属，学名*Dendrobium falconeri* Hook.

来　　源：云南、四川、湖北、湖南、广东、广西、陕西、福建等地

特征特性：茎悬垂，肉质，细圆柱形，近中部或中部以上的节间常膨大，多分枝，在分枝的节上通常肿大而成念珠状。叶薄革质，常2～5枚，互生于分枝的上部，狭披针形。总状花序侧生，常减退成单朵；花大，开展，质地薄，很美丽；萼片淡紫色或水红色带深紫色先端；花瓣白色带紫色先端，卵状菱形，长2.9～3.3 cm，宽1.4～1.6 cm，先端近锐尖，基部楔形，具5～6条主脉和许多支脉；唇瓣白色带紫色先端，卵状菱形。花期5～6月。

利用价值：具有较高的药用价值和园艺价值，可加工细黄草。茎药用，具滋阴养胃、清热生津及强壮的功效。

濒危状况及保护措施建议：由于不合理采挖和生境的破坏，野生石斛资源日渐稀少。建议切实加强资源保护，并建立规模化种植基地。

长距石斛

分　　类：兰科石斛属，学名 *Dendrobium longicornu* Lindl.

来　　源：广西南部、云南东南部至西北部、西藏东南部

特征特性：茎丛生，质地稍硬，圆柱形，不分枝，具多个节。叶薄革质，数枚，狭披针形，向先端渐尖，先端不等侧2裂。总状花序从具叶的近茎端发出，具1～3朵花；花开展，除唇盘中央橘黄色外，其余为白色；花瓣长圆形或披针形，长1.5～2 cm，宽4 mm，先端锐尖，具5条脉，边缘具不整齐的细齿；唇瓣近倒卵形或菱形，前端近3裂；药帽近扁圆锥形，前端边缘密生髯毛，顶端近截形。花期9～11月。

利用价值：具有较高的药用价值和园艺价值，可加工细黄草和枫斗。茎药用，用于热伤津液、低热烦渴。

濒危状况及保护措施建议：由于不合理采挖和生境的破坏，野生石斛资源日渐稀少。建议切实加强资源保护，并建立规模化种植基地。

翅萼石斛

分　　类：兰科石斛属，学名 *Dendrobium cariniferum* Rchb. f.

来　　源：云南南部至西南部（勐腊、景洪、勐海、镇康、沧源）

特征特性：茎肉质状粗厚，圆柱形或有时膨大呈纺锤形，具6个以上的节。叶革质，数枚，二列，长圆形或舌状长圆形。总状花序出自近茎端，常具1～2朵花；花开展，质地厚，具橘子香气；花瓣白色，长圆状椭圆形，长约2 cm，宽1 cm，先端锐尖，具5条脉；唇瓣喇叭状，3裂。蒴果卵球形，粗达3 cm。花期3～4月。

利用价值：具有较高的药用价值和园艺价值，可加工枫斗。茎药用，具滋阴养胃、生津止渴、清热除烦之功效。

濒危状况及保护措施建议：由于不合理采挖和生境的破坏，野生石斛资源日渐稀少。建议切实加强资源保护，并建立规模化种植基地。

玫瑰石斛

分　　类：兰科石斛属，学名 *Dendrobium crepidatum* Lindl. ex Paxt.

来　　源：云南南部至西南部、贵州西南部

特征特性：茎悬垂，肉质状肥厚，青绿色，圆柱形，不分枝，具多节，节间长 3～4 cm。叶近革质，狭披针形。总状花序很短，从落了叶的老茎上部发出，具 1～4 朵花；花质地厚，开展；萼片和花瓣白色，中上部淡紫色，干后蜡质状；花瓣宽倒卵形，长 2.1 cm，宽 1.2 cm，先端近圆形，具 5 条脉；唇瓣中部以上淡紫红色，中部以下金黄色，近圆形或宽倒卵形。花期 3～4 月。

利用价值：具有较高的药用价值和园艺价值，可加工水草类枫斗"粗黄草"。茎药用，具滋阴益胃、生津除烦之功效。

濒危状况及保护措施建议：由于不合理采挖和生境的破坏，野生石斛资源日渐稀少。建议切实加强资源保护，并建立规模化种植基地。

球花石斛

分　　类：兰科石斛属，学名 *Dendrobium thyrsiflorum* Rchb. f.

来　　源：云南东南部经南部至西部（屏边、金平、马关、勐海、思茅、普洱、墨江、景东、沧源、澜沧、墨江、腾冲一带）

特征特性：茎直立或斜立，圆柱形，粗壮，不分枝，具数节，黄褐色具光泽，有数条纵棱。叶3～4枚互生于茎的上端，革质，长圆形或长圆状披针形。总状花序侧生于带有叶的老茎上端，下垂，长10～16 cm，密生许多花，花开展，质地薄，萼片和花瓣白色；花瓣近圆形，长14 mm，宽12 mm，先端圆钝，基部具长约2 mm的爪，具7条脉和许多支脉，基部以上边缘具不整齐的细齿；唇瓣金黄色，半圆状三角形，长15 mm，宽19 mm，先端圆钝，基部具长约3 mm的爪。花期4～5月。

利用价值：具有较高的药用价值和园艺价值，可加工黄草石斛。茎药用，具抗血栓、护肝之功效。

濒危状况及保护措施建议：由于不合理采挖和生境的破坏，导致野生石斛资源日渐稀少。建议切实加强资源保护，并建立规模化种植基地。

美花石斛

分　　类：兰科石斛属，学名 *Dendrobium loddigesii* Rolfe

来　　源：海南、广西、广东、贵州西南部、云南南部

特征特性：茎柔弱，常下垂，细圆柱形，有时分枝，具多节；节间长 1.5～2 cm，干后金黄色。叶纸质，二列，互生于整个茎上，舌形，长圆状披针形或稍斜长圆形。花白色或紫红色，每束1～2朵侧生于具叶的老茎上部；花瓣椭圆形，与中萼片等长，宽8～9 mm，先端稍钝，全缘，具3～5条脉；唇瓣近圆形，直径1.7～2.0 cm，上面中央金黄色，周边淡紫红色，边缘具短流苏，两面密布短柔毛。花期4～5月。

利用价值：具有较高的药用价值和园艺价值。茎药用，具益胃生津、滋阴清热之功效。

濒危状况及保护措施建议：不合理的采挖和生境的破坏，导致野生石斛资源日渐稀少。建议切实加强资源保护，并建立规模化种植基地。

报春石斛

分　　类：兰科石斛属，学名 *Dendrobium primulinum* Lindl.

来　　源：云南南部至西南部

特征特性：茎下垂，厚肉质，圆柱形，不分枝，具多数节，节间长 2 ～ 2.5 cm。叶纸质，二列，互生于整个茎上，披针形或卵状披针形，基部具纸质或膜质的叶鞘。总状花序具 1 ～ 3 朵花，通常从落了叶的老茎上部节上发出；花开展，下垂，萼片和花瓣淡玫瑰色；花瓣狭长圆形，长 3 cm，宽 7 ～ 9 cm，先端钝，具 3 ～ 5 条脉，全缘；唇瓣淡黄色带淡玫瑰色先端，宽倒卵形，两面密布短柔毛，边缘具不整齐的细齿，唇盘具紫红色的脉纹。花期 3 ～ 4 月。

利用价值：具有较高的药用价值和园艺价值，可加工非正品枫斗，混作黄草。以茎入药，用于烧伤、烫伤、湿疹。

濒危状况及保护措施建议：不合理的采挖和生境的破坏，导致野生石斛资源日渐稀少。建议切实加强资源保护，并建立规模化种植基地。

棒节石斛

分　　类：兰科石斛属，学名 *Dendrobium trigonopus* Rchb. f.

来　　源：云南南部至东南部

特征特性：茎直立或斜立，不分枝，具数节。叶革质，互生于茎的上部，披针形。总状花序通常从落了叶的老茎上部发出，具2朵花；花白色带玫瑰色先端，开展；花瓣宽长圆形，长3.5～3.7 cm，宽1.8 cm，先端急尖，基部稍收狭为短爪，具5条脉；唇瓣近圆形，宽约2.4 cm，先端锐尖带玫瑰色，基部两侧具紫红色条纹；唇盘中央金黄色，密布短柔毛。花期3月。

利用价值：具有较高的药用价值和园艺价值。

濒危状况及保护措施建议：不合理的采挖和生境的破坏，导致野生石斛资源日渐稀少。建议切实加强资源保护，并建立规模化种植基地。

钩状石斛

分　　类：兰科石斛属，学名 *Dendrobium aduncum* Lindl.

来　　源：湖南东北部、广东南部、香港、海南、广西、贵州西南部至东南部、云南东南部

特征特性：茎下垂，圆柱形不分枝，具多个节。叶长圆形或狭椭圆形。总状花序通常数个，出自落了叶或具叶的老茎上部，花开展，萼片和花瓣淡粉红色；花瓣长圆形，长1.4～1.8 cm，宽7 mm，先端急尖，具5条脉；唇瓣白色，朝上，凹陷呈舟状，展开时为宽卵形。花期5～6月。

利用价值：具有较高的药用价值和园艺价值，可加工黄草石斛，极有可能加工枫斗。茎药用，用于热病伤津、口干烦渴、病后虚热、食欲不振。

濒危状况及保护措施建议：不合理的采挖和生境的破坏，导致野生石斛资源日渐稀少。建议切实加强资源保护，并建立规模化种植基地。

剑叶石斛

分　　类：兰科石斛属，学名 *Dendrobium acinaciforme* Roxb.

来　　源：福建南部、香港、海南、广西西南部、云南南部

特征特性：茎直立，近木质，扁三棱形，不分枝，具多个节。叶二列，斜立，稍疏松地套迭或互生，厚革质或肉质。花序侧生于无叶的茎上部，具1～2朵花，花很小，白色；花瓣长圆形，与中萼片等长而较窄，先端圆钝；唇瓣白色带微红色，贴生于蕊柱足末端，近匙形。蒴果椭圆形，长4～7 mm。花期3～9月，果期10～11月。

利用价值：具有较高的药用价值和园艺价值。全草药用，具退虚热、生津解渴、滋阴益肾之功效。

濒危状况及保护措施建议：不合理的采挖和生境的破坏，导致野生石斛资源日渐稀少。建议切实加强资源保护，并建立规模化种植基地。

罗河石斛

分　　类：兰科石斛属，学名 *Dendrobium lohohense* Tang et Wang

来　　源：湖北西部、湖南西南部至北部、广东北部、广西东南部至西部、四川东南部、贵州、云南东南部

特征特性：茎直立，圆柱形，细皮，高25～27 cm，节间长1.3～2.3 cm。叶鞘膜质，管状，抱茎；叶长圆形，长3.5～6 cm，宽1～1.5 cm，两端均尖。花黄色，数朵单生于无叶的茎上部；中央萼片椭圆形，两侧萼片斜椭圆形；花瓣椭圆形，唇瓣倒卵形，铺平时长2 cm，宽1.7 cm，有肉质乳突状突起，前缘有不规则锯齿；合蕊柱高3.5 mm，蕊柱足长7 mm，花期6月，附生于山谷的岩石上。

利用价值：具有较高的药用价值和园艺价值，可加工中黄草或细黄草。主要用于盆栽园艺，含有一定量的石斛宁碱，可入药。

濒危状况及保护措施建议：不合理的采挖和生境的破坏，导致野生石斛资源日渐稀少。建议切实加强资源保护，并建立规模化种植基地。

翅梗石斛

分　　类：兰科石斛属，学名 *Dendrobium trigonopus* Rchb.f

来　　源：云南南部至东南部（勐海、思茅、墨江至普洱、石屏）

特征特性：茎丛生，肉质状粗厚，呈纺锤形或有时棒状，不分枝，具3～5节，干后金黄色。叶厚革质，3～4枚近顶生，长圆形。总状花序出自具叶的茎中部或近顶端，常具2朵花，花下垂，不甚开展，质地厚，除唇盘稍带浅绿色外，均为蜡黄色；花瓣卵状长圆形，长约2.5 cm，宽1.1 cm，先端急尖，具8条脉；唇瓣直立，与蕊柱近平行，长2.5 cm，基部具短爪，3裂。花期3～4月。

利用价值：具有较高的药用价值和园艺价值，可加工枫斗。茎药用，具滋阴养胃、生津止渴、清热除烦之功效。

濒危状况及保护措施建议：不合理的采挖和生境的破坏，导致野生石斛资源日渐稀少。建议切实加强资源保护，并建立规模化种植基地。

鼓槌石斛

分　　类：兰科石斛属，学名 *Dendrobium chrysotoxum* Lindl.

来　　源：云南南部至西部（石屏、景谷、思茅、勐腊、景洪、耿马、镇康、沧源）

特征特性：茎直立，肉质，纺锤形，具2～5节间，具多数圆钝的条棱，近顶端具2～5枚叶。叶革质，长圆形。总状花序近茎顶端发出，斜出或稍下垂，长达20 cm；花质地厚，金黄色，稍带香气；花瓣倒卵形，等长于中萼片，宽约为萼片的2倍，先端近圆形，具约10条脉；唇瓣的颜色比萼片和花瓣深，近肾状圆形。花期3～5月。

利用价值：具有较高的药用价值和园艺价值，可加工黄草石斛。茎药用，具养阴生津、止渴润肺之功效。

濒危状况及保护措施建议：不合理的采挖和生境的破坏，导致野生石斛资源日渐稀少。建议切实加强资源保护，并建立规模化种植基地。

金钗石斛

分　　类：兰科石斛属，学名 *Dendrobium nobile* Lindl.

来　　源：台湾、湖北（宜昌）、香港、海南（白沙）、四川、广西、云南、贵州

特征特性：多年生草本植物，高20～50 cm，具白色气生根。茎直立、丛生，黄绿色，稍扁，具槽，有节。单叶互生，无柄，狭长椭圆形，叶鞘抱茎。总状花序颇生，具小花2～3朵，花白色，先端略具淡紫色；蒴果椭圆形，具棱4～6条；种子细小。花期5～6月，果期7～8月。

利用价值：有"救命仙草"的美誉，具有较高的药用价值和园艺价值。茎药用，具益胃生津、滋阴清热之功效。

濒危状况及保护措施建议：不合理的采挖和生境的破坏，导致野生石斛资源日渐稀少。建议切实加强资源保护，并建立规模化种植基地。

喇叭唇石斛

分　　类：兰科石斛属，学名 *Dendrobium lituiflorum* Lindl.

来　　源：广西西南部和西部（德保、靖西、田林）、云南西南部（镇康）

特征特性：茎下垂，稍肉质，圆柱形，不分枝，具多节。叶纸质，狭长圆形。总状花序多个，出自于落了叶的老茎上，每花序通常 1～2 朵花；花大，紫色，膜质，开展；花瓣近椭圆形，长约 4 cm，宽 1.5 cm，先端锐尖，全缘，具 7 条脉；唇瓣周边为紫色，内面有一条白色环带围绕的深紫色斑块，近倒卵形，比花瓣短，中部以下两侧围抱蕊柱而形成喇叭形，边缘具不规则的细齿，上面密布短毛。花期 3 月。

利用价值：具有较高的药用价值和园艺价值。茎药用，具滋阴益胃、生津止渴之功效。不排除药农在石斛资源紧缺的情况下混在药材中或加工成枫斗。

濒危状况及保护措施建议：不合理的采挖和生境的破坏，导致野生石斛资源日渐稀少。建议切实加强资源保护，并建立规模化种植基地。

流苏石斛

分　　类：兰科石斛属，学名 *Dendrobium fimbriatum* Hook.

来　　源：广西南部至西北部、贵州南部至西南部、云南东南部至西南部

特征特性：茎粗壮，斜立或下垂，质地硬，圆柱形或有时基部上方稍呈纺锤形，不分枝，具多数节。叶二列，革质，长圆形或长圆状披针形。总状花序长 5 ～ 15 cm，疏生 6 ～ 12 朵花；花金黄色，质地薄，开展，稍具香气；花瓣长圆状椭圆形，长 1.2 ～ 1.9 cm，宽 7 ～ 10 mm，先端钝，边缘微啮蚀状，具 5 条脉；唇瓣比萼片和花瓣的颜色深，近圆形，长 15 ～ 20 mm，基部两侧具紫红色条纹并且收狭为长约 3 mm 的爪，边缘具复流苏。花期 4 ～ 6 月。

利用价值：具有较高的药用价值和园艺价值。茎药用，具益胃生津、滋阴清热之功效。以春末夏初和秋季采收为佳，蒸透或烤软后晒干、烘干或鲜用。

濒危状况及保护措施建议：不合理的采挖和生境的破坏，导致野生石斛资源日渐稀少。建议切实加强资源保护，并建立规模化种植基地。

密花石斛

分　　类：兰科石斛属，学名 *Dendrobium densiflorum* Lindl.

来　　源：广东北部、海南、广西、西藏东南部

特征特性：茎粗壮，通常棒状或纺锤形，下部常收狭为细圆柱形，不分枝，具数个节和4个纵棱；叶常3～4枚，近顶生，革质，长圆状披针形。总状花序从上年或二年生具叶的茎上端发出，下垂，密生许多花，花开展，萼片和花瓣淡黄色；花瓣近圆形，长1.5～2 cm，宽1.1～1.5 cm，基部收狭为短爪，中部以上边缘具啮齿，具3条主脉和许多支脉；唇瓣金黄色，圆状菱形。花期4～5月。

利用价值：具有较高的药用价值和园艺价值，可加工粗黄草、马鞭黄草、小瓜黄草。茎药用，具益胃生津、滋阴清热之功效。

濒危状况及保护措施建议：不合理的采挖和生境的破坏，导致野生石斛资源日渐稀少。建议切实加强资源保护，并建立规模化种植基地。

金 线 莲

分　　类：兰科开唇兰属，学名 *Anoectochilus roxburghii* (Wall.) Lindl.

来　　源：浙江、江西、福建、湖南、广东、海南、广西、四川、云南、西藏东南部

特征特性：植株高 8 ～ 18 cm。根状茎匍匐，伸长，肉质，具节，节上生根。茎直立，肉质，圆柱形，具 2 ～ 4 枚叶。叶片卵圆形或卵形，正面暗紫色或黑紫色，具金红色带有绢丝光泽的美丽网脉，背面淡紫红色。总状花序具 2 ～ 6 朵花，长 3 ～ 5 cm；花白色或淡红色，不倒置（唇瓣位于上方）；萼片背面被柔毛，中萼片卵形，凹陷呈舟状；花瓣质地薄，近镰刀状。花期 8 ～ 11 月。

利用价值：既有重要的观赏价值，又有多种显著的药用和保健功效。药用，具清热凉血、解毒消肿、润肺止咳之功效。可利用现代生物技术进行大规模生产。

濒危状况及保护措施建议：野生资源过度采挖，生境遭受破坏。建议加强野生资源保护，并建立规模化仿野生种植基地。